高职高专教育"十二五"规划教材

Linux 服务器配置与管理实训教程

主　编　伍技祥

副主编　向　涛　韩桂萍

中国水利水电出版社
www.waterpub.com.cn

内 容 提 要

本书根据 Linux 服务器管理实际工作过程所需要的知识和技能抽象出若干个教学案例，从而形成了为高职院校学生量身定做的 Linux 服务器配置与管理的专业课程教材。

本书以业内最著名的 red hat 培训课程为体系来组织教学内容和案例，共十二章。主要内容包括：CentOS 6.4 系统的安装、Yum 仓库的建立与命令的使用、Samba 服务器的安装与配置、NFS 服务器的安装与配置、MySQL 数据库的安装与使用、FTP 服务器的安装与配置、DHCP 服务器的安装与配置、DNS 服务器的安装与配置、Web 服务器的安装与配置、邮件服务器的安装与配置、防火墙的安装与配置、代理服务器的安装与配置。另外含两个附录，介绍 CentOS Linux 6.4 系统的 root 账户密码恢复和全自动网络安装 CentOS 6.4。

本书以知识"必需、够用"为原则，从职业岗位分析入手，展开教学内容，强化学生的技能训练，在训练过程中巩固所学知识。每章先提出本章的学习目的，然后学习相关的原理和配置参数，最后提供相关的案例以及案例的配置步骤，通过案例的配置与调试，熟悉相关的操作技能和理论知识。

本书既可以作为高职院校网络技术理论与实训一体化教材，也可以作为社会培训教材，还可以作为 Linux 服务器配置与管理实训指导书。

图书在版编目（CIP）数据

Linux服务器配置与管理实训教程 / 伍技祥主编. ——
北京：中国水利水电出版社，2014.6
高职高专教育"十二五"规划教材
ISBN 978-7-5170-2127-8

Ⅰ. ①L… Ⅱ. ①伍… Ⅲ. ①Linux操作系统－高等职业教育－教材 Ⅳ. ①TP316.89

中国版本图书馆CIP数据核字(2014)第123395号

策划编辑：雷顺加　　责任编辑：陈洁　　加工编辑：韩莹琳　　封面设计：李佳

书　名	高职高专教育"十二五"规划教材 Linux 服务器配置与管理实训教程
作　者	主　编　伍技祥 副主编　向　涛　韩桂萍
出版发行	中国水利水电出版社 （北京市海淀区玉渊潭南路1号D座　100038） 网址：www.waterpub.com.cn E-mail: mchannel@263.net（万水） 　　　　sales@waterpub.com.cn 电话：（010）68367658（发行部）、82562819（万水）
经　售	北京科水图书销售中心（零售） 电话：（010）88383994、63202643、68545874 全国各地新华书店和相关出版物销售网点
排　版	北京万水电子信息有限公司
印　刷	三河市鑫金马印装有限公司
规　格	184mm×260mm　16开本　10.25印张　250千字
版　次	2014年6月第1版　2014年6月第1次印刷
印　数	0001—3000册
定　价	22.00元

凡购买我社图书，如有缺页、倒页、脱页的，本社发行部负责调换

版权所有·侵权必究

前　言

随着计算机和云计算技术的迅猛发展，云计算技术已经渗透到社会的各个领域，各行各业都处在全面网络化和信息化的建设进程中，对 Linux 操作系统的管理与维护型的应用型人才的需求也与日俱增，Linux 操作系统的管理与维护型人才已成为技术人才稀缺的行业之一。

目前，Linux 在我国逐渐得到了较广泛的应用，Linux 高层次应用人才的缺乏，阻碍了 Linux 深层次的应用和普及，Linux 在我国还需要继续进行扫盲教育，并努力培养高层次的应用人才。有关 Linux 服务器配置与管理方面的教材大多采用图形界面进行安装和配置，但在实际 Linux 服务器的管理与维护中，为了提高 Linux 服务器的稳定性和运行效率，通常是采用文本命令行的方式进行安装和配置，并在文本模式下运行网络应用服务。因此，本教材对服务器的安装和配置全部采用文本命令行的方式进行。所有应用服务的讲解，均为利用 Yum 命令来安装和利用最新源代码编译安装方式进行。

本书是针对最新的 CentOS 6.4 发行版编写的，专门介绍 Linux 的网络应用服务的安装、配置及管理，不再讲解 Linux 的基础操作知识，因此在学习本课程之前应先学习"Linux 操作系统基础"前导课程。

本书在编写和内容组织的总体思路上，采用案例教学与任务驱动的模式编写，根据 red hat 的培训体系来组织全书的内容。本书的特点主要体现在以下 4 个方面：

（1）总体采用任务驱动、项目教学方式进行组织编写。
（2）突出基于 Linux 的各种服务的安装、配置与管理能力的培养。
（3）案例经典，可操作性强。
（4）内容上由易到难，以循序渐进的方式组织。

本书由伍技祥担任主编，向涛、韩桂萍担任副主编。具体分工为：伍技祥编写 MySQL 数据库的安装与使用、FTP 服务器的安装与配置、DHCP 服务器的安装与配置、DNS 服务器的安装与配置、Web 服务器的安装与配置、邮件服务器的安装与配置、防火墙的安装与配置、代理服务器的安装与配置、CentOS Linux 6.4 系统的 root 账户密码恢复、全自动网络安装 CentOS 6.4，向涛编写 CentOS 6.4 系统的安装、Yum 仓库的建立与命令的使用，韩桂萍编写 Samba 服务器的安装与配置、NFS 服务器的安装与配置。参与本书大纲讨论、程序调试、校对等工作的还有陈送军、单科峰、胡芳假、周树语、周士凯等。

本书得到中国水利水电出版社的大力支持和帮助，在此致以衷心的感谢！限于笔者的水平，书中难免有不妥和错误之处，恳请广大读者批评指正。

编　者
2014 年 2 月

目 录

前言

第一章 CentOS 6.4 系统的安装 ………… 1
   一、实训目的 ………………………… 1
   二、安装步骤 ………………………… 1

第二章 Yum 仓库的建立与命令的使用 … 14
   一、实训目的 ………………………… 14
   二、Yum 简介 ………………………… 14
   三、配置文件 ………………………… 14
   四、Yum 命令的使用 ………………… 16

第三章 Samba 服务器的安装与配置 …… 19
   一、实训目的 ………………………… 19
   二、工作原理 ………………………… 19
   三、软件安装 ………………………… 20
   四、配置文件介绍 …………………… 21
   五、实例配置 ………………………… 24
   六、应用案例实训 …………………… 26

第四章 NFS 服务器的安装与配置 ……… 31
   一、实训目的 ………………………… 31
   二、工作原理 ………………………… 31
   三、软件安装 ………………………… 32
   四、配置文件介绍 …………………… 32
   五、实例配置 ………………………… 33
   六、应用案例实训 …………………… 34

第五章 MySQL 数据库的安装与使用 …… 36
   一、实训目的 ………………………… 36
   二、MySQL 数据库的简介 …………… 36
   三、软件安装 ………………………… 36
   四、启动 MySQL 服务和常用程序介绍 … 36
   五、SQL 语句介绍 …………………… 38

第六章 FTP 服务器的安装与配置 ……… 46
   一、实训目的 ………………………… 46
   二、工作原理 ………………………… 46
   三、软件安装 ………………………… 47
   四、配置文件介绍 …………………… 47

   五、实例配置 ………………………… 56
   六、应用案例实训 …………………… 58

第七章 DHCP 服务器的安装与配置 …… 61
   一、实训目的 ………………………… 61
   二、工作原理 ………………………… 61
   三、软件安装 ………………………… 62
   四、配置文件介绍 …………………… 62
   五、实例配置 ………………………… 64
   六、应用案例实训 …………………… 67

第八章 DNS 服务器的安装与配置 ……… 69
   一、实训目的 ………………………… 69
   二、工作原理 ………………………… 69
   三、软件安装 ………………………… 70
   四、配置语法 ………………………… 70
   五、实例配置 ………………………… 72
   六、应用案例实训 …………………… 76

第九章 Web 服务器的安装与配置 ……… 81
   一、实训目的 ………………………… 81
   二、工作原理 ………………………… 81
   三、软件安装 ………………………… 82
   四、配置语法 ………………………… 82
   五、实例配置 ………………………… 85
   六、应用案例实训 …………………… 88

第十章 邮件服务器的安装与配置 ……… 91
   一、实训目的 ………………………… 91
   二、工作原理与相关协议 …………… 91
   三、配置语法 ………………………… 92
   四、实例配置 ………………………… 96

第十一章 防火墙的安装与配置 ………… 129
   一、实训目的 ………………………… 129
   二、工作原理 ………………………… 129
   三、iptables 命令介绍 ……………… 131
   四、实例配置 ………………………… 135

第十二章　代理服务器的安装与配置……………137
　　一、实训目的………………………………137
　　二、工作原理………………………………137
　　三、软件安装………………………………137
　　四、配置语法………………………………138
　　五、实例配置………………………………139
附录1　CentOS Linux 6.4 系统的 root 账户
　　　密码恢复…………………………………146
　　一、密码恢复之一…………………………146
　　二、密码恢复之二…………………………148
附录2　全自动网络安装 CentOS 6.4……………153
　　一、什么是 PXE……………………………153
　　二、工作原理简介和安装步骤……………153
　　三、测试全自动安装………………………157
参考文献……………………………………………158

第一章　CentOS 6.4 系统的安装

一、实训目的

熟悉 CentOS 系统的安装步骤；熟悉 Linux 操作系统的分区；熟悉系统引导程序的安全与相关参数。

二、安装步骤

启动时，安装程序显示一个欢迎界面和引导提示，如图 1-1 所示。

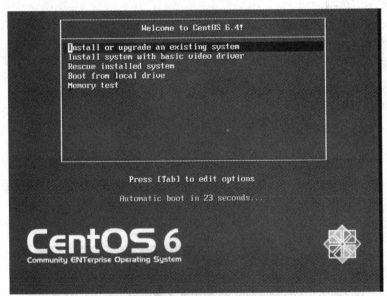

图 1-1　安装程序启动界面

输入 Esc 键后，引导提示为你提供第一个与 Anaconda 安装程序对话的机会。通常人们只需要按回车键，或等待提示超时，之后安装程序将继续按默认设置运行。如果在安装程序引导提示中加上如表 1-1 所示的引导参数，将修改 Anaconda 的默认行为。

表 1-1　引导 Anaconda 时常用的参数

参数	作用
text	强制安装程序使用文本模式进行安装
resolution=M×N	强制图形 X 服务器使用屏幕分辨率 M×N，其中 M、N 为数字，例如 1024×768
lowres	设置分辨率为 640×480
askmethod	询问进入安装程序第二阶段的方法（如果不使用 CD 盘安装）
ks=params	使用 Kickstart 执行脚本化安装。将在后面的章节中详细讲解 Kickstart 的安装

续表

参数	作用
mediacheck	在进行安装前对 CD 中的文件进行完整性检测
noprobe	不要自动寻找硬件
rescue	不执行安装，而是使用 Anaconda 运行救援 Shell 进行系统修复

当给出引导参数时，引导程序命令行的第一个标记一定是 linux 这个词。后面的标记可以从前面的列表中选择。另外，如果是安装程序无法识别的标记，就将其传给 Linux 内核作为内核引导参数。

在下面的例子中，用户选择了正确的引导参数来以文本模式启动安装程序，并在开始安装前进行介质检查。

boot: linux text mediacheck

图 1-1 中显示的选项为：

第一项为安装或升级已经存在的系统。

第二项为安装带有基本的显卡驱动的系统。

第三项为紧急救援模式启动系统。

第四项为从本地启动系统。

第五项为内存测试。

选择第一项后，安装程序显示欢迎界面，如图 1-2 所示。

图 1-2 安装程序欢迎界面

安装程序首先会要求用户选择合适的语言，如图 1-3 所示。在后面的安装过程中会一直使用选中的语言，并将其设为已安装系统的默认语言。

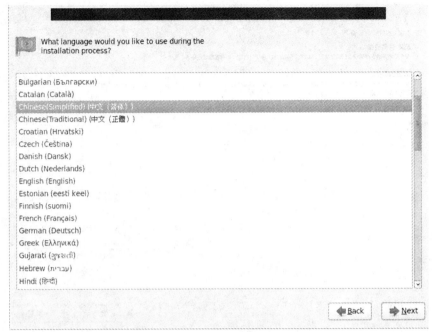

图 1-3　语言选择界面

接下来安装程序会询问键盘布局，如图 1-4 所示。选中的键盘布局将在后面的安装过程以及安装好的系统中保留。

图 1-4　键盘布局选择界面

之后是选择安装的存储类型，由于本书不讨论更复杂的非本地存储安装方式，因此只要选择默认的基本存储设备即可，如图 1-5 所示。

图 1-5 选择磁盘设备

单击"下一步"按钮进入如图 1-6 所示的界面,在界面中可以直接输入要安装系统的主机名,也可以选择使用默认值,在安装完毕后再通过后续配置或者其他方式(例如 DHCP)来自动获取这个系统的主机名。单击"配置网络"按钮就可以进入机器的联网配置信息界面。CentOS 6.4 系统引入了和之前版本不同的 NetworkManager 工具界面来管理安装程序的网络配置。

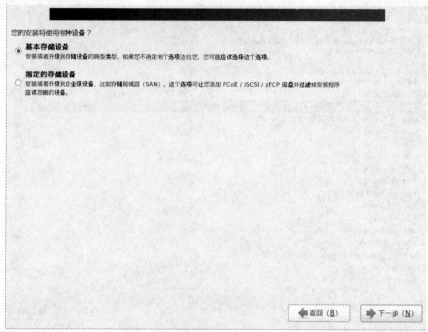

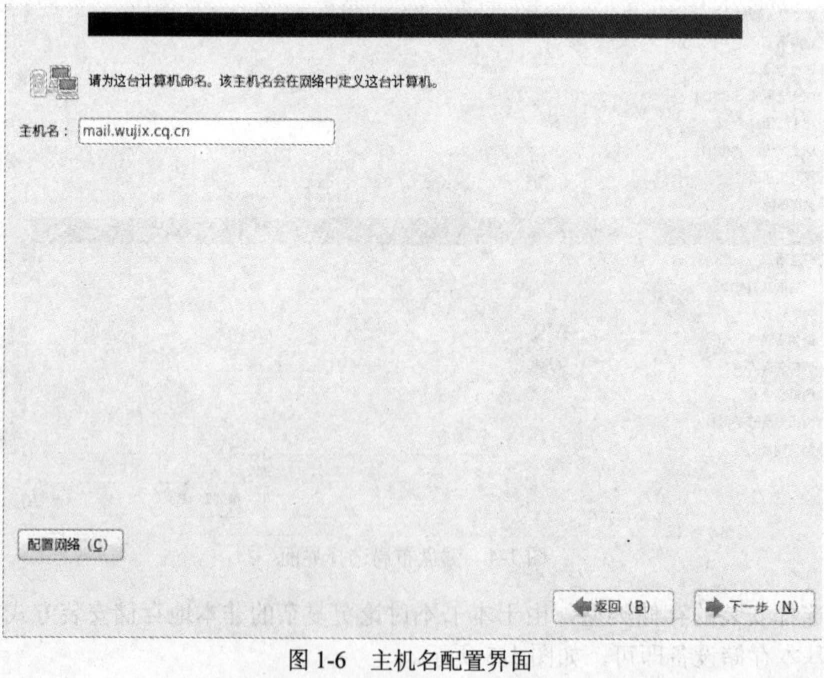

图 1-6 主机名配置界面

单击"配置网络"按钮后,就可以在弹出的"网络连接"选项卡中选择需要配置的网卡,并且选择编辑指定的网卡,进入具体网络参数输入的界面,如图1-7所示。

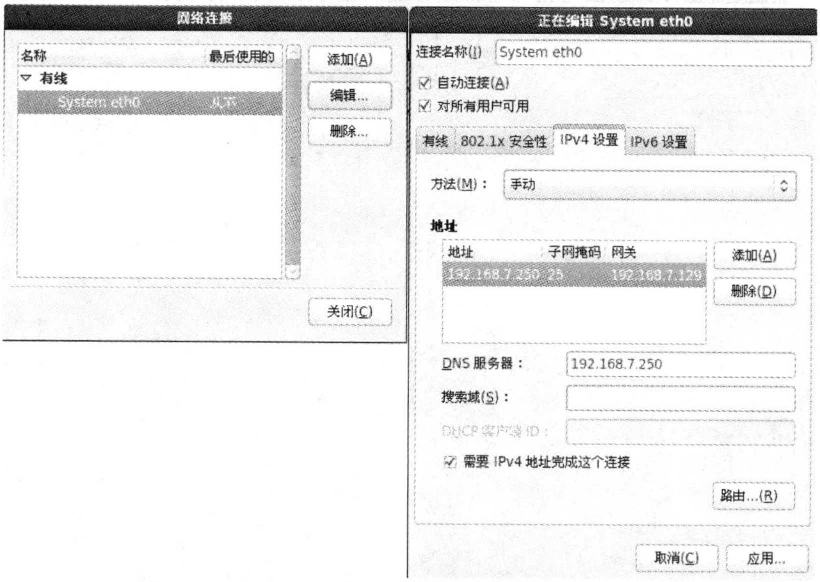

图1-7 网卡IP地址设置界面

单击"下一步"按钮,进入如图1-8所示的指定时区信息的界面。定义时区的条目中包括本地时间协议,比如夏令时。另外,Linux允许BIOS时钟设定为本地时间,也可以设定为全球时间(UTC)。后者是更方便的方法,特别是对需要经常调整时区的手提电脑用户。当改变时区时,BIOS根本不用调整,只要提供可用来解析时区的信息就可以了。

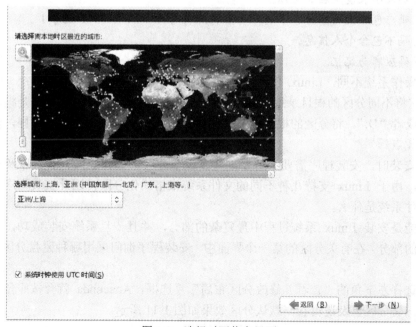

图1-8 选择时区信息界面

安装程序接下来询问根用户（管理账户）的密码，如图1-9所示。

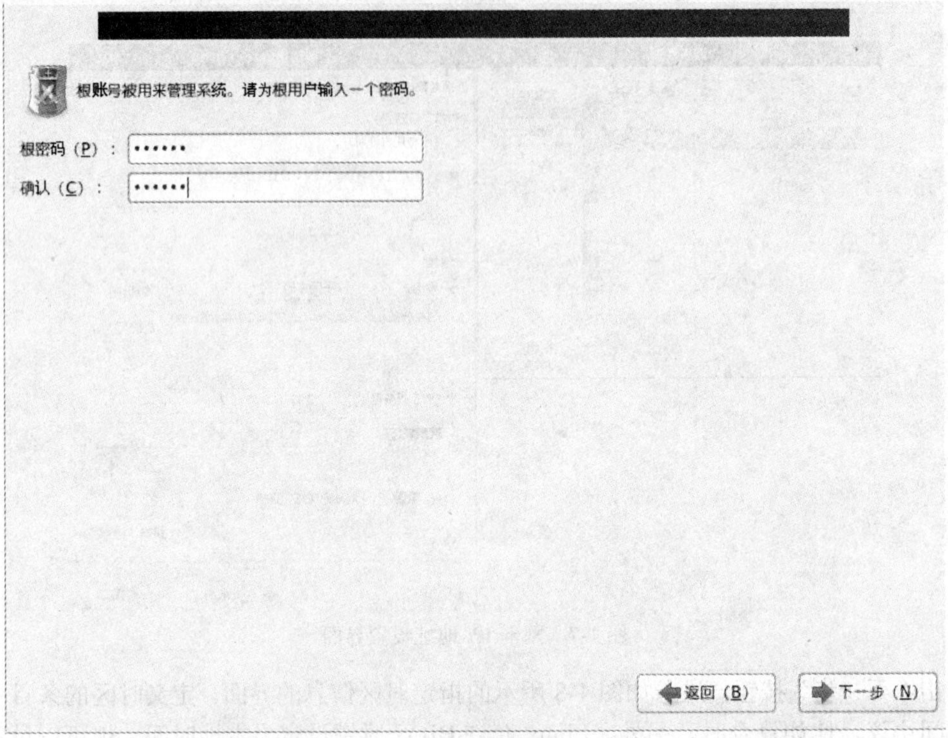

图1-9　根密码设置界面

注意：选择一个合适的密码并不是一件容易的事。下面是几条比较好的密码选择策略。
（1）密码最小长度应在8位以上。
（2）密码应包含大写字母、小写字母和特殊符号（如$、#、%、&等）。
（3）密码不包含个人信息。
（4）密码应容易记忆。

和其他操作系统不同，Linux 使用了 UNIX 将所有磁盘分区合并为一个统一的目录树结构的模式。它将不同分区的根目录绑定到一个统一目录树的特定目录中，而不是将磁盘分区指定为"C:"或者"D:"。将分区的根目录与其他目录绑定的动作就是挂载的过程，目标目录就是分区的挂载点。

当执行安装时，安装程序需要了解要创建多少个分区、分区应该有多大以及在哪里挂载分区。另外，由于 Linux 支持几种不同的文件系统来格式化分区，因此安装程序需要了解分区使用的文件系统是什么。

分区可能是安装 Linux 系统过程中最复杂的部分，并且一旦系统安装成功，它也是相对比较难更改的部分。在有关分区的第一个界面中，安装程序询问采用哪种磁盘分区方案，如图1-10所示。

如果不选择左下角的"查看并修改分区布局"复选框，Anaconda 就会按照预设的方式部署在磁盘上部署分区以及逻辑卷。默认分区效果如图1-11所示。

图 1-10 Anaconda 分区选择界面

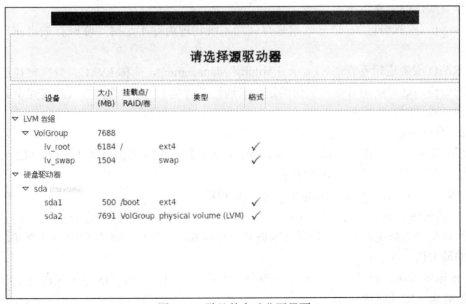

图 1-11 默认的自动分区界面

安装程序在这一界面的顶部显示了所有探测到的磁盘列表及当前分区方案。在底部有一个表格列出了所有磁盘及其分区的详细资料。在当前界面中可创建新的分区，或者编辑、删除已存在的分区。如果要创建新分区，安装程序会打开一个二级对话窗口来收集有关新分区的信息，如图 1-12 所示。

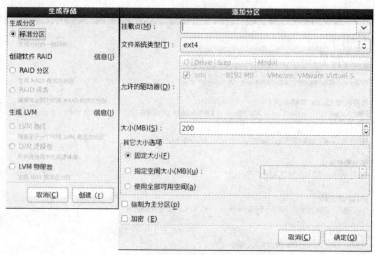

图 1-12 添加新的分区界面

当创建新分区的时候要提供以下 3 项重要信息。

（1）用这个分区来做什么？

为了正确初始化分区，安装程序必须了解分区的用途。"文件系统类型"的弹出菜单可提供下列选项。

1）文件系统：大多数分区是用来保存文件，并可用文件系统进行格式化。安装程序可使用 ext2、ext3、ext4 或者 vfat 文件系统来格式化分区。在 red hat CentOS 6.4 中，使用 ext4 文件系统作为默认的文件系统。

2）swap（交换分区）：该分区用来存储当系统物理内存不足时，临时存放当前不需要的内存页。

3）RAID 或者逻辑卷管理（Logical Volume Management，简称 LVM）：分区将被用来构成更复杂的结构，这种结构可提供更快的速度（通过并行化）、更强的弹性（通过冗余）和更多的灵活性（通过间接作用）。

（2）分区应该有多大？

为了要了解需要分配的空间大小，Anaconda 需要知道分区所需要的大小（以 MB 为单位）。用下面的一个选项可以限定分区的大小。

1）固定大小：分区应该和指定的大小完全相符。

2）有限分区：指定的分区大小应理解为分区大小的下限，并可指定分区大小的上限。得到的分区将至少为指定的大小，但是（根据其他分区操作）可使用未分配的磁盘空间，最多可达指定的最大值。

3）非限定分区：指定的大小应理解为分区大小的下限，但得到的分区应该可使用特定驱动器上所有未分配的磁盘空间。

（3）应该在哪里挂载分区？

假设已经用文件系统将分区进行了格式化，那么就一定要指定一个挂载点来将分区并入目录结构。

1）删除分区：删除分区的过程很简单。选中列表中的分区，单击"删除"按钮将分区删除即可。

2）添加分区：选中图 1-11 中硬盘驱动器列表中的硬盘分区或者卷组，然后单击"创建"按钮，出现图 1-12 中"生成存储"界面，使用默认选项，单击"创建"按钮，出现图 1-12 中"添加分区"界面，修改相应的参数后，单击"确定"按钮，这样就创建了一个分区。

3）编辑已存在的分区：选中图 1-11 中硬盘驱动器列表中的硬盘分区或者卷组，然后单击"编辑"按钮，出现如图 1-13 所示的界面，根据要求修改相应的参数后，单击"确定"按钮完成分区的编辑。

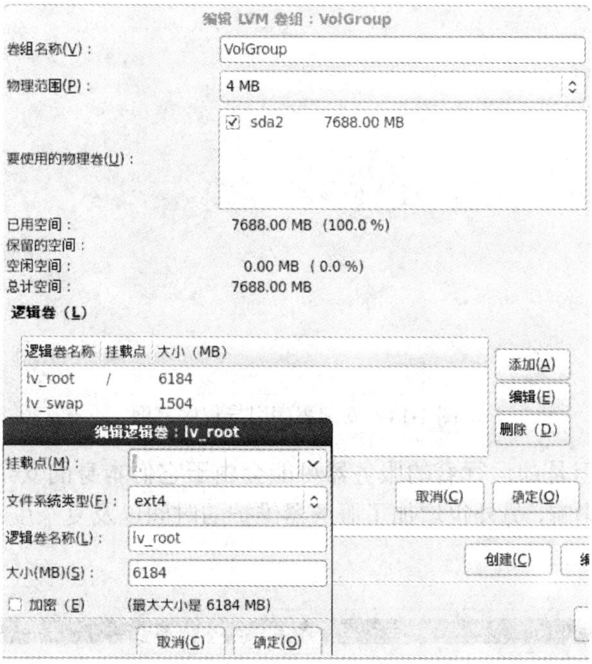

图 1-13　编辑分区界面

选定分区方案后，Anaconda 会询问系统引导程序的配置信息，如图 1-14 所示。引导程序是一个小型、底层可执行文件，它可将控制权从 BIOS 转移给选择的操作系统。对于许多操作系统来说，引导程序是一个用户不了解的概念。因为 Linux 有与其他操作系统共存的先例，因此 Linux 引导程序通常很灵活，并容易配置。

有时候，当配置双引导（dual-boot）系统（在启动时在可能安装的多个操作系统中进行选择的引导系统）时，管理员希望保留一个已存在的引导程序。这是个例外，通常的规则是安装程序应该按默认设置将 GRUB 引导程序安装到磁盘主引导记录中（Master Boot Record，简称 MBR），使用 GRUB 作为默认的操作系统引导程序。

因为 GRUB 引导程序非常灵活，所以当用户使用它来引导系统进入维护模式时，可能会带来安全隐患。无论何时，在考虑安全问题时，应该用密码保护引导程序。

安装程序接下来会让用户决定安装什么样的软件。在 CentOS 6.4 中，软件包分组被切分得比之前更加细小，因此也可以把系统安装得更加精确。正常来说，作为一个企业级的服务器系统，用户在服务器上应该只安装自己需要的和必要的系统以及应用软件。这样做主要是出于安全方面的考虑。假设用户安装一台 Linux 服务器的目的是用于万维网服务器（http 服务器），那么就不应该安装并且打开 Samba 文件共享服务器或者 VNC 远程桌面连接服务。

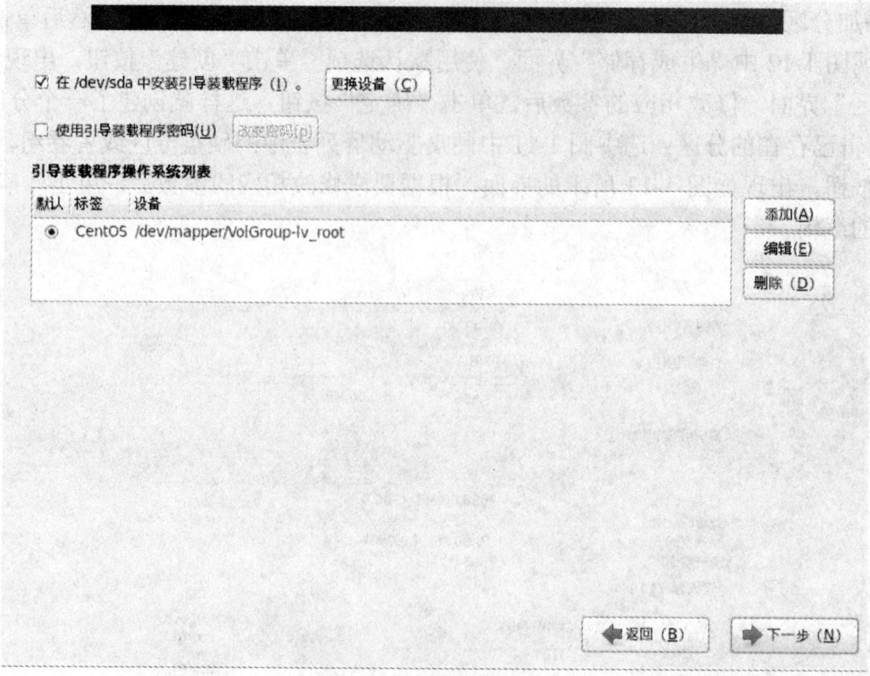

图 1-14 安装程序引导程序界面

因为这些不需要但是却运行着的服务器可能会由于它们本身的安全问题导致需要正常运行的 HTTP 服务受到影响，另外也增加了服务器维护的时间以及复杂度。软件选择的界面如图 1-15 所示。

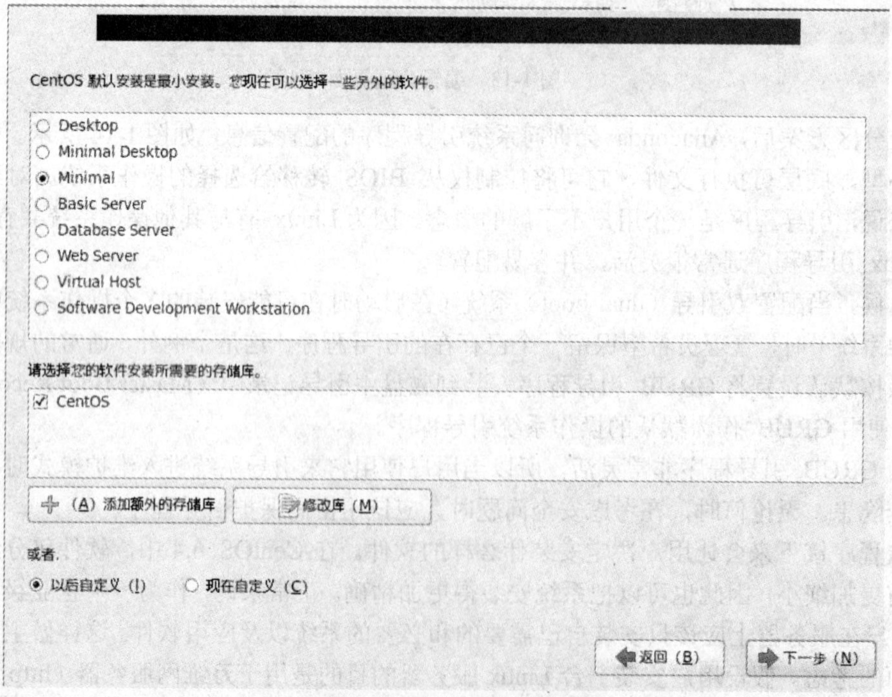

图 1-15 软件选择界面

如果指定要自定义选择软件（选中"现在自定义"单选按钮），安装程序接下来会显示软件分类选择界面，如图 1-16 所示。软件组件将软件按大项目分类，例如桌面、应用程序等分类组。

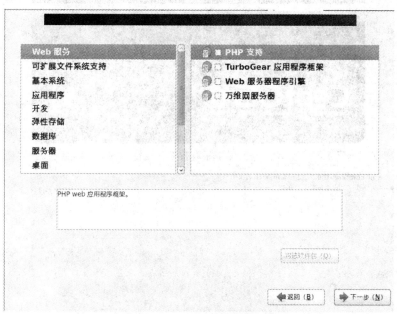

图 1-16 软件分类选择界面

软件分类组又进一步细分为小的软件组，包含多个可选软件组分类。每个软件组又分为必须安装的软件包和选择安装的软件包。如果选择浏览组件组的可选软件包，可以选定或者取消特定的软件包，如图 1-17 所示。

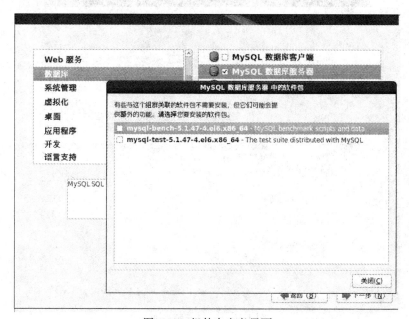

图 1-17 组件自定义界面

安装程序现在开始执行所有的指定配置，创建并格式化所需分区并启动。接下来安装程序会使用进度条来监视各种软件的安装进程，如图1-18所示。

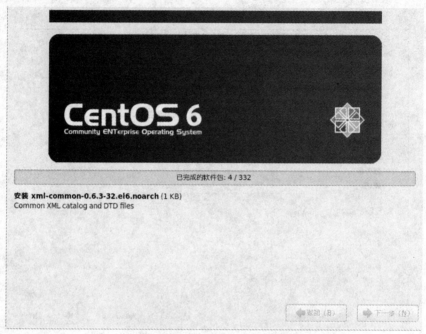

图1-18 安装程序进度界面

最终会出现如图1-19所示的完成安装界面，提示安装完毕。
单击"重新引导"按钮，以重启计算机。

图1-19 完成安装界面

第一章 CentOS 6.4 系统的安装

至此 CentOS 6.4 系统安装结束。
系统引导程序 GRUB 配置文件的内容如下：

  # grub.conf generated by anaconda
  #
  # Note that you do not have to rerun grub after making changes to this file
  # NOTICE: You have a /boot partition. This means that
  #   all kernel and initrd paths are relative to /boot/, eg.
  #   root (hd0,0)
  #   kernel /vmlinuz-version ro root=/dev/mapper/vg_mail-lv_root
  #   initrd /initrd-[generic-]version.img
#boot=/dev/sda
default=0 //默认启动的操作系统，注：下面的系统菜单数从 0 开始
timeout=5 //设置在 5s 后启动默认的操作系统
splashimage=(hd0,0)/grub/splash.xpm.gz //开机画面的文件所存放的路径和文件名，这里是指用在
                (hd0,0)/grub/下的 splash.xpm.gz 文件作为开机画面。(hd0,0)
                指的是第一个硬盘的第一个分区
Hiddenmenu //隐藏启动系统名字的菜单，把它注释掉后会在开机画面中显示机器中所有的系统名
title CentOS (2.6.32-358.el6.x86_64) //title 就是一个引导标签，可以对 title 后的文字部分进行修改，
               使它更符合我们的使用习惯
root (hd0,0) //Grub 的根文件系统即/boot 所在分区
kernel /vmlinuz-2.6.32-358.el6.x86_64 ro root=/dev/mapper/vg_mail-lv_root rd_NO_LUKS rd_LVM_LV=vg_mail/lv_root rd_NO_MD rd_LVM_LV=vg_mail/lv_swap crashk ernel=auto LANG=zh_CN.UTF-8 KEYBOARDTYPE=pc KEYTABLE=us rd_NO_DM rhgb quiet
//kernel /vmlinuz-2.6.32-358.el6.x86_64 是 Linux 内核/boot/ vmlinuz-2.6.32-358.el6.x86_64。ro 和 root 是传递给内核的参数，root 后是 Linux 的根文件系统所在分区。内核参数 ro 是 read only 的意思。rhgb 图形方式启动，quiet 不输出启动信息
initrd /initramfs-2.6.32-358.el6.x86_64.img //即/boot/ initrd-2.6.9-55.ELsmp.img 内存空间映像，用于
                 初始化和启动设备

第二章 Yum 仓库的建立与命令的使用

一、实训目的

掌握建立 Yum 源；重建 Yum 仓库和常见 Yum 命令的使用。

二、Yum 简介

Yum 是 Yellow dog Updater Modified 的简称，起初是由 yellow dog 这一发行版的开发者 Terra Soft 研发，用 python 写成，那时叫做 yup（yellow dog updater），后经杜克大学的 Linux@Duke 开发团队进行改进，遂改此名。Yum 的宗旨是自动化地升级、安装与移除 rpm 包，收集 rpm 包的相关信息，检查依赖性并自动提示用户解决。Yum 的关键之处是要有可靠的软件仓库，它可以是 HTTP、FTP 站点，也可以是本地软件池，但必须包含 rpm 的 header，header 包括了 rpm 包的各种信息，包括描述、功能、提供的文件、依赖性等。

三、配置文件

Yum 的配置文件在/etc 目录下，主要包含/etc/yum.conf、/etc/yum 目录下的所有文件、/etc/yum.repos.d 目录下的所有 Yum 安装源文件。

1. Yum 的配置文件

Yum 的一切配置信息都储存在一个叫 yum.conf 的配置文件中，通常位于/etc 目录下，这是整个 Yum 系统的重中之重，内容如下：

```
[main]
cachedir=/var/cache/yum/$basearch/$releasever
keepcache=0
debuglevel=2
logfile=/var/log/yum.log
exactarch=1
obsoletes=1
gpgcheck=1
plugins=1
installonly_limit=5
bugtracker_url=http://bugs.centos.org/set_project.php?project_id=16&ref=http://bugs.centos.org/bug_report_page.php?category=yum
distroverpkg=centos-release
# PUT YOUR REPOS HERE OR IN separate files named file.repo
# in /etc/yum.repos.d
```

下面是对 yum.conf 文件作简要的说明：

cachedir：Yum 缓存的目录，Yum 在此存储下载的 rpm 包和数据库，一般是/var/cache/yum。

debuglevel：除错级别，0—10，默认是 2。

logfile：Yum 的日志文件，默认是/var/log/yum.log。

exactarch：有两个选项 1 和 0，代表是否只升级和用户安装软件包 CPU 体系一致的包，如果设为 1，则如用户安装了一个 i386 的 rpm，则 Yum 不会用 686 的包来升级。

obsoletes：这是一个 update 的参数，具体请参阅 yum(8)，简单的说就是相当于 upgrade，允许更新陈旧的 rpm 包。

gpgcheck：有 1 和 0 两个选择，分别代表是否进行 gpg 校验，如果没有这一项，默认是进行 gpg 校验。

Plugins：是否启用插件，默认 1 为允许，0 表示不允许。

installonly_limit：网络连接错误重试的次数。

bugtracker_url：设置上传 bug 的地址。

distroverpkg：指定一个软件包，Yum 会根据这个包判断用户的发行版本，默认是 redhat-release，也可以是安装的任何针对自己发行版的 rpm 包。

2. Yum 源文件

Yum 源文件是指定 Yum 仓库的位置。创建 Yum 源文件/etc/yum.repos.d/CentOS-Media.repo，/etc/yum.repos.d/目录下最好只有 CentOS-Media.repo 一个文件，否则如果网络有问题就会报告找不到 Yum 源的错误，内容如下：

```
# /etc/yum.repos.d/CentOS-Media.repo
# or for ONLY the media repo, do this:
# yum --disablerepo=\* --enablerepo=c6-media [command]

[c6-media]
name=CentOS-$releasever - Media
baseurl=file:///media/CentOS/
        file:///media/cdrom/
        file:///media/cdrecorder/
gpgcheck=1
enabled=1
gpgkey=file:///etc/pki/rpm-gpg/RPM-GPG-KEY-CentOS-6
```

下面是对 yum.conf 文件作简要的说明：

[]：是用于区别各个不同的 repository，必须有一个独一无二的名称。

name：是对 repository 的描述，支持像$releasever $basearch 这样的变量。

baseurl：是服务器设置中最重要的部分，只有设置正确，才能获取软件。它的格式是：

baseurl=url://server1/path/to/repository/
        url://server2/path/to/repository/
        url://server3/path/to/repository/

其中 url 支持的协议有 http、ftp 和 file 三种。baseurl 后可以跟多个 url，用户可以自己改为速度比较快的镜像站，但 baseurl 只能有一个。

gpgcheck：设置是否进行验证。

enabled：Yum 源是否生效。

gpgkey：设置验证密钥文件的路径。

3. 重建 Yum 仓库

首先安装 createrepo 包，createrepo 是用来创建 Yum 仓库的命令，它的依赖文件有 deltarpm、 libxml2-python、python-deltarpm。命令如下：

　　　　#yum createrepo -y

接下来先将 rpm 包文件拷贝到/var/ftp/centos6.4/Packages 目录下（rpm 包文件都在当前目录下），然后使用 createrepo 命令创建 yum 仓库所必须的一些信息，这些信息都存放在/var/ftp/centos6.4/repodata/目录下。命令如下：

　　　　#/bin/cp ./*.rpm /var/ftp/centos6.4/Packages
　　　　#createrepo -v /var/ftp/centos6.4

最后修改 Yum 源文件的 baseurl 的值，修改后的 Yum 源文件内容如下：

　　　　[c6-media]
　　　　name=CentOS-$releasever - Media
　　　　baseurl=file:///var/ftp/centos6.4
　　　　gpgcheck=0
　　　　enabled=1
　　　　gpgkey=file:///etc/pki/rpm-gpg/RPM-GPG-KEY-CentOS-6

注意：如果要将 gpgcheck 值改为 1，则要将所有的 rpm 包文件的 gpgkey 导入，用 rpm --import /path。

path 为保存 gpgkey 文件的完整路径。

四、Yum 命令的使用

1. 使用 Yum 更新软件的命令

在查看系统中的软件是否有升级包时，会用到 yum check-update 命令；在软件出现漏洞时，对软件进行升级或者对系统内核进行升级就会用到 yum update 命令：

　　　　yum check-update　　　　//列出所有可更新的软件清单
　　　　yum update　　　　　　　//安装所有更新软件

2. 使用 Yum 安装与删除软件

使用 Yum 安装和删除软件，有个前提是 Yum 安装的软件包都是 rpm 格式的。安装的命令是 yum install xxx，Yum 会查询数据库，如果有，则检查其依赖冲突关系；如果没有依赖冲突，那么下载安装；如果有，则会给出提示，询问是否要同时安装依赖，或删除冲突的包。

删除的命令是 yum remove xxx，同安装一样，Yum 也会查询数据库，给出解决依赖关系的提示。

　　　　yum install xxx　　　　//用 Yum 安装软件包，xxx 为安装软件包的名称，不包括版本号和版本号
　　　　　　　　　　　　　　　　之后的信息
　　　　yum remove xxx　　　　//用 Yum 删除软件包，xxx 为安装软件包的名称，不包括版本号和版本号
　　　　　　　　　　　　　　　　之后的信息

3. 使用 Yum 查询想安装的软件

常常会碰到这样的情况，想要安装一个软件，只知道它和某方面有关，但又不能确切知道它的名字。这时 Yum 的查询功能就起作用了。用户可以用 yum search keyword 这样的命令来进行搜索，比如要安装一个 Instant Messenger，但又不知到底有哪些，这时不妨用 yum search messenger 这样的指令进行搜索，Yum 会搜索所有可用 rpm 的描述，列出所有描述中和 messenger 有关的 rpm 包，于是用户可能得到 gaim、kopete 等，并从中选择。

　　　　yum search　　　　//使用 Yum 查找软件包

yum list	//列出所有可安装的软件包
yum list updates	//列出所有可更新的软件包
yum list installed	//列出所有已安装的软件包
yum list extras	//列出所有已安装但不在 Yum Repository 内的软件包

4. 使用 Yum 获取软件包信息

常常会碰到安装了一个包，但又不知道其用途的情况，这时用户可以用 yum info packagename 这个指令来获取信息。

yum info	//列出所有软件包的信息
yum info updates	//列出所有可更新的软件包信息
yum info installed	//列出所有已安装的软件包信息
yum info extras	//列出所有已安装但不在 Yum Repository 内的软件包信息
yum provides	//列出软件包提供哪些文件

5. 清除 Yum 缓存

Yum 会把下载的软件包和 header 存储在 Cache 中，而不会自动删除。如果用户觉得它们占用了磁盘空间，可以使用 yum clean 指令进行清除，更精确的用法是 yum clean headers 清除 header，yum clean packages 清除下载的 rpm 包，yum clean all 清除所有。

yum clean packages	//清除缓存目录(/var/cache/yum)下的软件包
yum clean headers	//清除缓存目录(/var/cache/yum)下的 headers
yum clean oldheaders	//清除缓存目录(/var/cache/yum)下旧的 headers
yum clean all	//清除缓存目录(/var/cache/yum)下的软件包及旧的 headers

6. 示例：安装 httpd 软件

```
[root@mail repodata]# yum install httpd
Loaded plugins: fastestmirror
Loading mirror speeds from cached hostfile
 * c6-media:
Setting up Install Process
Resolving Dependencies
--> Running transaction check
---> Package httpd.x86_64 0:2.2.15-26.el6.centos will be installed
--> Processing Dependency: httpd-tools = 2.2.15-26.el6.centos for package: httpd-2.2.15-26.el6.centos.x86_64
--> Processing Dependency: apr-util-ldap for package: httpd-2.2.15-26.el6.centos.x86_64
--> Processing Dependency: /etc/mime.types for package: httpd-2.2.15-26.el6.centos.x86_64
--> Processing Dependency: libaprutil-1.so.0()(64bit) for package: httpd-2.2.15-26.el6.centos.x86_64
--> Processing Dependency: libapr-1.so.0()(64bit) for package: httpd-2.2.15-26.el6.centos.x86_64
--> Running transaction check
---> Package apr.x86_64 0:1.3.9-5.el6_2 will be installed
---> Package apr-util.x86_64 0:1.3.9-3.el6_0.1 will be installed
---> Package apr-util-ldap.x86_64 0:1.3.9-3.el6_0.1 will be installed
---> Package httpd-tools.x86_64 0:2.2.15-26.el6.centos will be installed
---> Package mailcap.noarch 0:2.1.31-2.el6 will be installed
--> Finished Dependency Resolution
Dependencies Resolved
```

==
| Package | Arch | Version | Repository | Size |
==

```
Installing:
 httpd              x86_64        2.2.15-26.el6.centos      c6-media      821 k
Installing for dependencies:
 apr                x86_64        1.3.9-5.el6_2             c6-media      123 k
 apr-util           x86_64        1.3.9-3.el6_0.1           c6-media       87 k
 apr-util-ldap      x86_64        1.3.9-3.el6_0.1           c6-media       15 k
 httpd-tools        x86_64        2.2.15-26.el6.centos      c6-media       72 k
 mailcap            noarch        2.1.31-2.el6              c6-media       27 k

Transaction Summary
================================================================================
Install       6 Package(s)

Total download size: 1.1 M
Installed size: 3.6 M
Is this ok [y/N]: y    //回答 y 后，就会进行软件安装
```

第三章 Samba 服务器的安装与配置

一、实训目的

了解 Samba 服务的工作原理；熟悉 Samba 的配置文件；掌握 Samba 的各种配置。

二、工作原理

1. Samba 应用环境

Samba 应用环境如下：

（1）文件和打印机共享：文件和打印机共享是 Samba 的主要功能，SMB 进程实现资源共享，将文件和打印机发布到网络之中，以供用户可以访问。

（2）身份验证和权限设置：smbd 服务支持 user mode 和 domain mode 等身份验证和权限设置模式，通过加密方式可以保护共享的文件和打印机。

（3）名称解析：Samba 通过 nmbd 服务可以搭建 NBNS（NetBIOS Name Service）服务器，提供名称解析，将计算机的 NetBIOS 名称解析为 IP 地址。

（4）浏览服务：局域网中，Samba 服务器可以成为本地主浏览服务器（LMB），保存可用资源列表，当使用客户端访问 Windows 网上邻居时，会提供浏览列表、显示共享目录、打印机等资源。

2. Samba 工作原理

（1）Samba 协议简介。

Samba 服务功能强大，与其通信基于 SMB 协议有关。SMB 不仅提供目录和打印机共享，还支持认证、权限设置。在早期，SMB 运行于 NBT 协议（NetBIOS over TCP/IP）上，使用 UDP 协议的 137、138 端口及 TCP 协议的 139 端口，后期 SMB 经过开发，可以直接运行于 TCP/IP 协议上，没有额外的 NBT 层，使用 TCP 协议的 445 端口。SMB 协议在 TCP/IP 协议栈中其他协议之间的关系如图 3-1 所示。

OSI						TCP/IP
应用层		SMB				Application
表达层						
会话层	NetBIOS		NetBIOS	NetBIOS		
传输层	IPX	NetBEUI	DECnet	TCP&UDP	TCP/UD	TCP/UDP
网络层				IP	IP	IP
数据链路层	802.2, 802.3, 802.5	802.2 802.3, 802.5	Ethernet V2	Ethernet V2	Ethernet or others	Ethernet or others
物理层						

图 3-1 SMB 协议在 TCP/IP 协议中的位置

（2）Samba 工作流程。

Samba 服务的具体工作过程如图 3-2 所示。

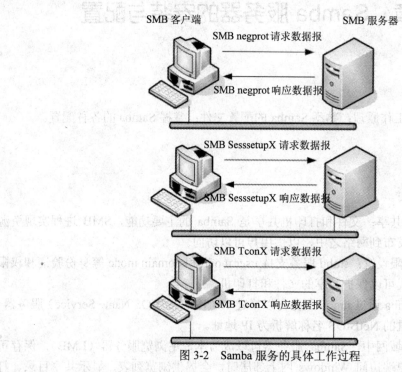

图 3-2　Samba 服务的具体工作过程

首先客户端发送一个 SMB negprot 请求数据报，并列出它所支持的所有 SMB 协议版本。服务器收到请求信息后响应请求，并列出希望使用的协议版本。如果没有可使用的协议版本则返回 0XFFFFH，结束通信。

协议确定后，客户端进程向服务器发起一个用户或共享的认证，这个过程是通过发送 SesssetupX 请求数据报实现的。客户端发送一对用户名和密码或一个简单密码到服务器，然后服务器通过发送一个 SesssetupX 应答数据报来允许或拒绝本次连接。

当客户端和服务器完成了磋商和认证之后，它会发送一个 Tcon 或 TconX 请求数据报并列出它想访问网络资源的名称，之后服务器会发送一个 TconX 应答数据报以表示此次连接是否被接受或拒绝。

连接到相应资源后，SMB 客户端就能够通过 open SMB 打开一个文件，通过 read SMB 读取文件，通过 write SMB 写入文件，通过 close SMB 关闭文件。

三、软件安装

在安装 Samba rpm 包之前用 yum list installed |grep samba 查看一下 Samba 软件是否安装。如果没有安装，可以用 Yum 命令进行安装时，Yum 命令安装会找出 Samba 的依赖软件包 libtalloc、samba-winbind-clients、samba-common、samba-winbind，然后提示用户是否安装，如果用户回答"y"，则会安装 Samba 和它所依赖的所有软件。安装过程如下：

[root@mail /]#yum list installed |grep samba
[root@mail /]#yum install samba

四、配置文件介绍

1. 全局参数

（1）网络选项。

workgroup = MYGROUP

说明：设置 Samba 服务器所属的群组名称或 Windows 的域名。

server string = Samba Server

说明：设置 Samba 服务器的简要说明。

hosts allow = 192.168.1. 192.168.2. 127.

说明：设置可访问 Samba 服务器的主机、子网或域。

interfaces = 网卡 IP 地址或网络接口

说明：有多个网卡的 Samba 服务器设置需要监听的网卡。

netbios name = MYSERVER

说明：设置 Samba Server 的 NetBIOS 名称。

（2）日志选项。

log file = /var/log/samba/log.%m

说明：设置日志文件的位置和名称。

max log size = 50

说明：设置 Samba Server 日志文件的最大容量，单位为 kB，0 代表不限制。

（3）用户控制选项。

security = user

说明：指定 Samba 服务器使用的安全等级。

Samba 服务器的安全等级共有以下 5 类。

1）share 安全等级。

2）user 安全等级。

3）server 安全等级。

4）domain 安全等级。

5）ads 安全等级。

passdb backend = tdbsam

说明：是用户后台管理。

目前有三种后台：smbpasswd、tdbsam 和 ldapsam。sam 是 security account manager（安全账户管理）的简写。

1）smbpasswd：该方式是使用 smbpasswd 或 pdbedit 来给系统用户（真实用户或者虚拟用户）设置一个 Samba 密码，客户端就用这个密码来访问 Samba 的资源。smbpasswd 文件默认在/var/lib/samba/private 目录下。

2）tdbsam：该方式则是使用一个数据库文件来建立用户数据库。数据库文件叫 passdb.tdb，默认在/var/lib/samba/private 目录下。passdb.tdb 用户数据库可以使用 smbpasswd -a 来建立 Samba 用户，不过要建立的 Samba 用户必须先是系统用户，也可以使用 pdbedit 命令来建立 Samba 账户。

3）ldapsam：该方式则是基于 LDAP 的账户管理方式来验证用户。首先要建立 LDAP 服务，然后设置"passdb backend = ldapsam:ldap://LDAP Server"。

encrypt passwords = yes/no

说明：是否将认证密码加密。因为现在 Windows 操作系统都是使用加密密码，所以一般要开启此项。不过配置文件默认已开启。

smb passwd file = /etc/samba/smbpasswd

说明：用来定义 Samba 用户的密码文件。

username map = /etc/samba/smbusers

说明：用来定义用户名映射，比如可以将 root 换成 administrator、admin 等。不过要事先在 smbusers 文件中定义好。比如：root = administrator admin，这样就可以用 administrator 或 admin 这两个用户来代替 root 登录 Samba Server，更贴近 Windows 用户的习惯。

socket options = TCP_NODELAY SO_RCVBUF=8192 SO_SNDBUF=8192

说明：用来设置服务器和客户端之间会话的 Socket 选项，可以优化传输速度。

（4）域控制选项。

domain master = yes/no

说明：设置 Samba 服务器是否要成为网域主浏览器，网域主浏览器可以管理跨子网域的浏览服务。

local master = yes/no

说明：local master 用来指定 Samba Server 是否试图成为本地网域主浏览器。如果设为 no，则永远不会成为本地网域主浏览器。但是即使设置为 yes，也不等于该 Samba Server 就能成为主浏览器，还需要参加选举。

preferred master = yes/no

说明：设置 Samba Server 一开机就强迫进行主浏览器选举，可以提高 Samba Server 成为本地网域主浏览器的机会。如果该参数指定为 yes 时，最好把 domain master 也指定为 yes。使用该参数时要注意：如果在本 Samba Server 所在的子网有其他的机器（无论是 Windows NT 还是其他 Samba Server）也指定为首要主浏览器时，那么这些机器将会因为争夺主浏览器而在网络上大发广播，影响网络性能。

os level = 200

说明：设置 Samba 服务器的 os level。该参数决定 Samba Server 是否有机会成为本地网域的主浏览器。os level 从 0～255，Windows NT 的 os level 是 32，Windows 95/98 的 os level 是 1。Windows 2000 的 os level 是 64。如果设置为 0，则意味着 Samba Server 将失去浏览选择。如果想让 Samba Server 成为 PDC，那么将它的 os level 值设置大一些。

domain logons = yes/no

说明：设置 Samba Server 是否要做为本地域控制器。主域控制器和备份域控制器都需要开启此项。

logon script = %u.bat

说明：当使用者用 Windows 客户端登录，那么 Samba 将提供一个登录档。如果设置成 %u.bat，那么就要为每个用户提供一个登录档。如果人比较多，那就比较麻烦。可以设置成一个具体的文件名，比如 start.bat，那么用户登录后都会去执行 start.bat，而不用为每个用户设定一个登录档了。这个文件要放置在[netlogon]的 path 设置的目录路径下。

（5）win 服务与代理控制选项。

wins support = yes/no

说明：设置 Samba Server 是否提供 wins 服务。

wins server = wins Server IP 地址

说明：设置 Samba Server 是否使用别的 wins 服务器提供 wins 服务。

wins proxy = yes/no

说明：设置 Samba Server 是否开启 wins 代理服务。

dns proxy = yes/no

说明：设置 Samba Server 是否开启 dns 代理服务。

2. 共享参数

（1）打印机共享选项。

load printers = yes/no

说明：设置是否在启动 Samba 时就共享打印机。

printcap name = /etc/printcap

说明：设置共享打印机的配置文件。

printing = cups

说明：设置 Samba 共享打印机的类型。现在支持的打印系统有：bsd、sysv、plp、lprng、aix、hpux、qnx。

（2）共享选项。

[homes]

说明：设置共享名。

comment =任意字符串

说明：comment 是对该共享的描述，可以是任意字符串。

path =共享目录路径

说明：path 用来指定共享目录的路径。可以用%u、%m 这样的宏来代替路径里的 UNIX 用户和客户机的 NetBIOS 名，用宏表示主要用于[homes]共享域。例如：如果我们不打算用 home 段做为客户的共享，而是在/home/share/下为每个 Linux 用户以他的用户名建个目录，作为他的共享目录，这样 path 就可以写成：path = /home/share/%u;。用户在连接到这共享时具体的路径会被他的用户名代替，要注意这个用户名路径一定要存在，否则客户机在访问时会找不到网络路径。同样，如果我们不是以用户来划分目录，而是以客户机来划分目录，为网络上每台可以访问 Samba 的计算机都各自建立一个以它的 NetBIOS 名的路径，作为不同机器的共享资源，就可以这样写：path = /home/share/%m。

browseable = yes/no

说明：browseable 用来指定该共享是否可以浏览。

writable = yes/no

说明：writable 用来指定该共享路径是否可写。

available = yes/no

说明：available 用来指定该共享资源是否可用。

admin users =该共享的管理者

说明：admin users 用来指定该共享的管理员（对该共享具有完全控制权限）。在 Samba 中，如果用户验证方式设置成"security=share"时，此项无效。多个用户中间用逗号隔开。

valid users =允许访问该共享的用户

说明：valid users 用来指定允许访问该共享资源的用户。多个用户或者组中间用逗号隔开，如果要加入一个组就用"@+组名"表示。

invalid users =禁止访问该共享的用户

说明：invalid users 用来指定不允许访问该共享资源的用户。多个用户或者组中间用空格隔开。

public = yes/no

说明：public 用来指定该共享是否允许 guest 账户访问。

guest ok = yes/no

说明：意义同"public"。

create mode = 0660

说明：设置创建文件的默认权限。

directory mode =0770

说明：设置创建目录的默认权限。

五、实例配置

要求：使用用户认证模式，配置一个支持多个用户登录 Samba 服务器，每个用户只能进入自己的用户目录；同时有一个公共目录，每个用户都可以进入；共享 Samba 服务器的打印机。

1. 配置 Samba 服务器

修改 Samba 服务器的配置文件/etc/samba/smb.conf，内容如下：

```
[global]
    workgroup = MYGROUP
    server string = Samba Server Version %v
    interfaces = eth0
    hosts allow = 127. 192.168.7.        //设置允许访问的主机的 IP 地址
    log file = /var/log/samba/log.%m     //设置日志文件
    max log size = 50                    //设置日志文件的大小
    security = user                      //设置认证模式为用户模式
    passdb backend = smbpasswd           //设置验证密码的模式
    load printers = yes
    cups options = raw
    printcap name = /etc/printcap
    printing = cups       //打印机的类型要设置正确

[homes]                   //下面为设置用户家目录和相关的参数
    comment = Home Directories
    browseable = no       //不允许浏览家目录的文件和文件夹
    writable = yes        //允许写
    valid users = %S      //认证用户，%S 为变量，不同的用户登录会进入不同用户的家目录
```

```
[printers]                              //下面是关于打印的相关设置
    comment = All Printers
    path = /var/spool/samba
    browseable = no
    guest ok = no
    writable = no
    printable = yes

[public]                                //下面是设置共享目录的相关权限
    comment = Public Stuff
    path = /home/samba                  //设置共享目录的路径
    public = yes
    writable = yes
    printable = no
    write list = +staff
```

2. 设置防火墙与 selinux

设置 Samba 服务器的防火墙允许 TCP 协议的 139 和 445 端口建立连接，在/etc/sysconfig/iptables 文件中 "-A INPUT -m state --state NEW -m tcp -p tcp --dport 22 -j ACCEPT" 行的前面增加两行，内容如下：

  -A INPUT -m state --state NEW -m tcp -p tcp --dport 139 -j ACCEPT
  -A INPUT -m state --state NEW -m tcp -p tcp --dport 445 -j ACCEPT

然后重启防火墙，命令如下：

  [root@mail ~]#service iptables restart

设置 selinux，使登录用户对共享的目录有只读或读写权限，命令如下：

  [root@mail ~]# setsebool -P samba_export_all_ro on　　//只读权限设置

或者

  [root@mail ~]# setsebool -P samba_export_all_rw on　　//读写权限设置

3. 启动 Samba 服务

上面的准备工作都已经做完了，下面就启动 Samba 服务。命令如下：

  [root@mail ~]#service smb start

出现下面的一行内容则说明 Samba 服务已经正常启动。

  Starting SMB services: [OK]

重启 Samba 服务用 service smb restart 命令，停止 Samba 服务用 service smb stop 命令。

在系统启动级别是 3、4、5 时，为了让 Samba 服务开机自动启动，可以使用下面的命令：

  [root@mail ~]# chkconfig --level 345 smb on

4. 设置 Samba 用户密码

在设置 Samba 用户密码之前，必须保证系统中已经有此用户，下面先用 useradd 命令创建两个用户，然后设置 Samba 用户密码。

  [root@mail ~]#useradd user1
  [root@mail ~]#useradd user2
  [root@mail ~]#pdbedit -a user1
  new password: //此处输入密码看不见

retype new password: //此处重新输入密码看不见
[root@mail ~]# pdbedit -a user2
new password:
retype new password:

5. 测试

在 Windows 系统下，打开浏览器，在浏览器地址栏输入\\192.168.7.250 后按回车键，出现如图 3-3 所示的登录窗口。在窗口中输入用户名 user1 和密码就可以登录到 Samba 服务器，192.168.7.250 为 Samba 服务器的 IP 地址，结果如图 3-4 所示。

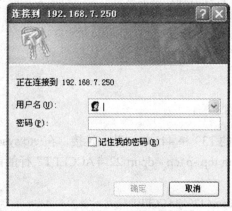
图 3-3 登录 Samba 服务器认证窗口

图 3-4 登录 Samba 服务器窗口

在 Linux 系统中访问 Samba 服务器，首先要确定安装 Samba-Client 软件包，如果没有安装就用下面命令进行安装。

[root@mail ~]#yum install Samba-Client

然后使用 smbclient 命令查看 Samba 服务器的共享目录和连接 Samba 服务器。

[root@mail ~]#smbclient -L \\192.168.7.250 -U user1   //列出 192.168.7.250Samba 服务器上 user1 用户的共享目录，192.168.7.250 为 Samba 服务器的 IP 地址

[root@mail ~]# smbclient \\\\192.168.7.250\\cqdd -U cqdd   //登录 192.168.7.250Samba 服务器
Enter cqdd's password: //输入用户 cqdd 的用 pdbedit 设置的密码，不是用户的系统密码
Domain=[MYGROUP] OS=[Unix] Server=[Samba 3.6.9-151.el6]
smb: \>   //可以用"?"来查看可用的命令

六、应用案例实训

要求：已知某学校有教务处、人事处、远程教育技术中心、计算机学院、人文学院、美术学院以及财经学院等部门。现在要求 Samba 服务器拥有一个全校共有的共享目录 public，此目录所有用户只有读的权限；每个部门拥有一个不同的共享目录，此部门的用户有只读权限，其他用户没有权限；每个用户拥有一个个人目录，此目录只有用户自己拥有读写权限，其他用户没有权限；共享 Samba 服务器的打印机，所有用户都可以使用；认证模式使用用户认证模式。

Samba 服务器的设置如下：

首先为教务处、人事处、远程教育技术中心、计算机学院、人文学院、美术学院以及财

经学院 7 个部门每个部门创建一个组，组名分别为 Office-of-Academic、Personnel-Division、Distance-Education-Technology-Center、Computer-Department、College-of-Liberal-Arts、Academy-of-Fine-Arts、Institute-of-Finance-and-Economics。每个组中创建 5 个用户（根据实际需要可以建立更多用户）。命令如下：

```
[root@mail ~]#groupadd Office-of-Academic    -g 601
[root@mail ~]#groupadd Personnel-Division    -g 602
[root@mail ~]#groupadd Distance-Education-Technology-Center   -g 603
[root@mail ~]#groupadd Computer-Department    -g 604
[root@mail ~]#groupadd College-of-Liberal-Arts    -g 605
[root@mail ~]#groupadd Academy-of-Fine-Arts    -g 606
[root@mail ~]#groupadd Institute-of-Finance-and-Economics    -g 607
[root@mail ~]#useradd Office-user1    -g   601
[root@mail ~]#useradd Office-user2    -g   601
[root@mail ~]#useradd Office-user3    -g   601
[root@mail ~]#useradd Office-user4    -g   601
[root@mail ~]#useradd Office-user5    -g   601
```

设置 Samba 用户密码

```
[root@mail ~]#pdbedit   -a   Office-user1
new password:              //输入密码
retype new password:       //重新输入密码
[root@mail ~]#pdbedit   -a   Office-user2
new password:              //输入密码
retype new password:       //重新输入密码
[root@mail ~]#pdbedit   -a   Office-user3
new password:              //输入密码
retype new password:       //重新输入密码
[root@mail ~]#pdbedit   -a   Office-user4
new password:              //输入密码
retype new password:       //重新输入密码
[root@mail ~]#pdbedit   -a   Office-user5
new password:              //输入密码
retype new password:       //重新输入密码
```

同理创建上面每个组的用户和设置每个用户的 Samba 密码。

为每个用户组创建一个共享的目录，命令如下：

```
[root@mail ~]#mkdir   /home/Office-of-Academic
[root@mail ~]#mkdir   /home/Personnel-Division
[root@mail ~]#mkdir   /home/Distance-Education-Technology-Center
[root@mail ~]#mkdir   /home/Computer-Department
[root@mail ~]#mkdir   /home/College-of-Liberal-Arts
[root@mail ~]#mkdir   /home/Academy-of-Fine-Arts
[root@mail ~]# mkdir   /home/Institute-of-Finance-and-Economics
```

修改每个目录的权限，命令如下：

```
[root@mail ~]#chmod   7600   Office-of-Academic
[root@mail ~]#chmod   7600   Personnel-Division
[root@mail ~]#chmod   7600   Distance-Education-Technology-Center
```

```
[root@mail ~]#chmod    7600   Computer-Department
[root@mail ~]#chmod    7600   College-of-Liberal-Arts
[root@mail ~]# chmod   7600   Academy-of-Fine-Arts
[root@mail ~]# chmod   7600   Institute-of-Finance-and-Economics
```

修改每个目录的拥有组与拥有者，命令如下：

```
[root@mail ~]#chown    root: Office-of-Academic    Office-of-Academic
[root@mail ~]#chmod    root: Personnel-Division    Personnel-Division
[root@mail ~]#chmod    root:Distance-Education-Technology-Center \
Distance-Education-Technology-Center
[root@mail ~]#chmod    root: Computer-Department    Computer-Department
[root@mail ~]#chmod    root: College-of-Liberal-Arts    College-of-Liberal-Arts
[root@mail ~]# chmod   root: Academy-of-Fine-Arts    Academy-of-Fine-Arts
[root@mail ~]# chmod   root: Institute-of-Finance-and-Economics \
Institute-of-Finance-and-Economics
```

注：其中有两行的结尾是"\"符号，说明此命令没有结束，下一行是此行命令的延续。

Samba 服务器的配置文件内容如下：

```
[global]
        workgroup = MYGROUP
        server string = Samba Server Version %v
        interfaces = eth0
        hosts allow = 127. 192.168.7.
        log file = /var/log/samba/log.%m
        max log size = 50
        security = user
        passdb backend = smbpasswd
        load printers = yes
        cups options = raw
        printcap name = /etc/printcap
        printing = cups


[homes]
        comment = Home Directories
        browseable = no
        writable = yes
        create mode = 0660
        directory mode = 0770
        valid users = %S


[printers]
        comment = All Printers
        path = /var/spool/samba
        browseable = yes
        guest ok = no
        writable = no
        printable = yes
```

[public]
    comment = Public Stuff
    path = /home/samba
    public = yes
    writable = no
    printable = no

[Office-of-Academic]   //下面是 Office-of-Academic 用户登录的目录和相关权限的设置
    comment = Office-of-Academic
    path = /home/Office-of-Academic
    public = yes
    writable = no
    printable = no
    read only = yes
    valid users = @Office-of-Academic

[Personnel-Division]   //下面是 Personnel-Division 用户登录的目录和相关权限的设置
    comment = Personnel-Division
    path = /home/Personnel-Division
    public = yes
    writable = no
    printable = no
    read only = yes
    valid users = @Personnel-Division

[Distance-Education-Technology-Center]   //下面是 Distance-Education-Technology-Center 用户登录的目录和相关权限的设置
    comment = Distance-Education-Technology-Center
    path = /home/Distance-Education-Technology-Center
    public = yes
    writable = no
    printable = no
    read only = yes
    valid users = @Distance-Education-Technology-Center

[Computer-Department]   //下面是 Computer-Department 用户登录的目录和相关权限的设置
    comment = Computer-Department
    path = /home/Computer-Department
    public = yes
    writable = no
    printable = no
    read only = yes
    valid users = @Computer-Department

[College-of-Liberal-Arts]   //下面是 College-of-Liberal-Arts 用户登录的目录和相关权限的设置
    comment = College-of-Liberal-Arts

```
                path = /home/College-of-Liberal-Arts
                public = yes
                writable = no
                printable = no
                read only = yes
                valid users = @College-of-Liberal-Arts

[Academy-of-Fine-Arts]      //下面是 Academy-of-Fine-Arts 用户登录的目录和相关权限的设置
                comment = Academy-of-Fine-Arts
                path = /home/Academy-of-Fine-Arts
                public = yes
                writable = no
                printable = no
                read only = yes
                valid users = @Academy-of-Fine-Arts

[Institute-of-Finance-and-Economics]   //下面是 Institute-of-Finance-and-Economics 用户登录的目录和
                                        相关权限的设置
                comment = Institute-of-Finance-and-Economics
                path = /home/Institute-of-Finance-and-Economics
                public = yes
                writable = no
                printable = no
                read only = yes
                valid users = @Institute-of-Finance-and-Economics
```

第四章　NFS 服务器的安装与配置

一、实训目的

了解 NFS 服务的工作原理；熟悉 NFS 的配置文件；掌握 NFS 的各种配置。

二、工作原理

1. NFS 简介

NFS 由 SUN 公司开发，目前已经成为文件服务的一种标准（RFC1904，RFC1813）。其最大功能是可以通过网络让不同操作系统的计算机可以共享数据，所以也可以将其看做是一台文件服务器。NFS 提供了除 Samba 之外，Windows 与 Linux 及 UNIX 与 Linux 之间通信的方法。

客户端 PC 可以挂载 NFS 服务器所提供的目录并且挂载之后这个目录看起来如同本地的磁盘分区一样，可以使用 cp、cd、mv、rm 及 df 等与磁盘相关的命令。NFS 有属于自己的协议与使用的端口号，但是在传送资料或者其他相关信息的时候，NFS 服务器使用一个称为"远程过程调用"（Remote Procedure Call，简称 RPC）的协议来协助 NFS 服务器本身的运行。

2. NFS 工作原理

NFS 是一个使用 SunRPC 构造的客户端/服务器应用程序，其客户端通过向一台 NFS 服务器发送 RPC 请求来访问其中的文件。如图 4-1 所示为一个 NFS 客户端和一台 NFS 服务器的典型结构。

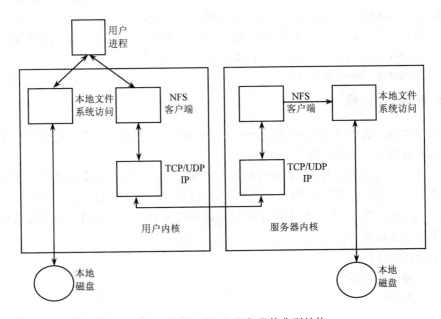

图 4-1　NFS 客户端和 NFS 服务器的典型结构

访问一个本地文件还是一个 NFS 文件对于客户端来说是透明的，当文件被打开时，由内核决定这一点。文件被打开之后，内核将本地文件的所有引用传递给名为"本地文件访问"的框中，而将一个 NFS 文件的所有引用传递给名为"NFS 客户端"的框中。

NFS 客户端通过其 TCP/IP 模块向 NFS 服务器发送 RPC 请求，NFS 主要使用 UDP，最新的实现也可以使用 TCP。

NFS 服务器在端口 2049 接收作为 UDP 数据包的客户端请求，尽管 NFS 可以被实现为使用端口映射器，允许服务器使用一个临时端口，但是大多数实现都是直接指定 UDP 端口 2049。

当 NFS 服务器收到一个客户端请求时，它将这个请求传递给本地文件访问例程，然后访问服务器主机上的一个本地的磁盘文件。

NFS 服务器需要花一定的时间来处理一个客户端的请求，访问本地文件系统一般也需要一部分时间。在这段时间间隔内，服务器不应该阻止其他客户端请求。为了实现这一功能，大多数的 NFS 服务器都是多线程的——服务器的内核中实际上有多个 NFS 服务器在 NFS 本身的加锁管理程序中运行，具体实现依赖于不同的操作系统。一个共同的技术就是启动一个用户进程（常被称为"nfsd"）的多个实例。这个实例执行一个系统调用，使其作为一个内核进程保留在操作系统的内核中。

在客户端主机上，NFS 客户端需要花一定的时间来处理一个用户进程的请求。NFS 客户端向服务器主机发出一个 RPC 调用，然后等待服务器的应答。为了给使用 NFS 的客户端主机上的用户进程提供更多的并发性，在客户端内核中一般运行着多个 NFS 客户端，同样具体实现也依赖于操作系统。

三、软件安装

在安装 NFS rpm 包之前用 yum list installed |grep nfs 查看一下 nfs-utils 软件是否安装，如果没有安装，可以用 Yum 命令进行安装，Yum 命令安装时会找出 nfs-utils 的依赖软件包 libgssglue、Installing : libtirpc、rpcbind、keyutils、libevent、nfs-utils-lib，然后提示用户是否安装，如果用户回答"y"，则会安装 nfs-utils 和它所依赖的所有软件。安装过程如下：

[root@mail /]#yum list installed |grep nfs-utils
[root@mail /]#yum install nfs-utils

四、配置文件介绍

NFS 服务器的配置文件是/etc/exports，/etc/exports 文件主要是设置共享的目录、可访问者以及访问者的权限。配置文件格式如下：

共享的目录　主机名称1或者IP1(参数1,参数2,…)　主机名称2或者IP2(参数3,参数4,…)

"共享的目录"是要共享给[主机名称 1]以及[主机名称 2]的目录，但是提供给这两者的权限并不一定一样，其中，给主机名称 1 的权限是参数 1 和参数 2 设置，给主机名称 2 的权限是参数 3 和参数 4 设置。

参数介绍如下：

rw：可擦写的权限。

ro：只读的权限。

no_root_squash：登录 NFS 主机使用分享目录的使用者，如果是根用户，那么对于这个分享的目录，它就具有根用户的权限。

root_squash：登录 NFS 主机使用分享目录的使用者是根用户时，这个使用者的权限将被压缩成为匿名使用者，通常它的 UID 与 GID 都会变成 nfsnobody 系统账号的身份。

all_squash：无论登录 NFS 的使用者的身份是什么，它的身份都会被压缩成为匿名使用者，通常是 nobody。

anonuid：前面 no_root_squash、root_squash、all_squash 介绍的匿名使用者的 UID 设定值。通常为 nfsnobody，但是管理员可以自行设定这个 UID 的值，这个 UID 必须要存在于/etc/passwd 文件中。

anongid：意义同 anonuid，只是为 group ID。

sync：数据同步写入到内存与硬盘当中。

async：数据先暂存于内存当中，而不直接写入硬盘。

注：主机名和 IP 地址中可以部分或全部使用"*"代替；例如："/home/work *(ro)"表示所有主机都可以挂在此目录，权限为只读。

五、实例配置

要求：将一个公共的目录/home/public 公开，但只允许局域网络内 192.168.7.0/24 这个网域的用户可以读写，所有其他人只能读取。

1. 配置 NFS 服务器

/etc/exports 配置文件的内容如下：

  [root@mail /]#vi /etc/exports
  /home/public 192.168.7.0/255.255.255.0(rw) *(ro)

2. 设置防火墙与 selinux

设置 NFS 服务器的防火墙允许 TCP 协议的 111 和 2049 端口建立连接，在/etc/sysconfig/iptables 文件中 "-A INPUT -m state --state NEW -m tcp -p tcp --dport 22 -j ACCEPT" 行的前面增加两行，内容如下：

  -A INPUT -m state --state NEW -m tcp -p tcp --dport 111 -j ACCEPT
  -A INPUT -m state --state NEW -m tcp -p tcp --dport 2049 -j ACCEPT

然后重启防火墙，命令如下：

  [root@mail ~]#service iptables restart

在 CentOS 6.4 的系统中，selinux 使用默认设置就可以了。

3. 启动服务

在第一次启动 NFS 服务时，如果 rpcbind 服务没有启动，则出现下面的错误。

  [root@localhost etc]# service nfs start
  Starting NFS mountd: [FAILED]
  Starting NFS daemon: rpc.nfsd: writing fd to kernel failed: errno 111 (Connection refused)
  rpc.nfsd: unable to set any sockets for nfsd   [FAILED]

因此在启动 NFS 服务时要确认 rpcbind 服务已经启动，所以 NFS 服务启动步骤如下：

  [root@localhost etc]#service rpcbind start
  Starting rpcbind: [OK]
  [root@localhost etc]#service nfs start
  Starting NFS services: [OK]

```
            Starting NFS mountd:                                    [  OK  ]
            Starting NFS daemon:                                    [  OK  ]
```
重启 NFS 服务用 service nfs restart 命令，停止 NFS 服务用 service nfs stop 命令。

在系统启动级别是 3、4、5 时，为了让 nfs 服务开机自动启动，可以使用下面的命令：

```
            [root@localhost etc]#chkconfig  --level  345  rpcbind  on
            [root@localhost etc]#chkconfig  --level  345  nfs  on
```

如果修改了 /etc/exports 文件，并不需要重新启动 NFS 服务器，使用 exportfs 命令即可，此命令的语法结构如下：

exportfs　[-aruv]

其主要参数说明如下：

-a　全部挂载（或卸载）/etc/exports 文件内的设定。

-r　重新挂载 /etc/exports 内的设定，同步更新 /etc/exports 及 /var/lib/nfs/xtab 的内容。

-u　卸载某一目录。

-v　在输出时将分享的目录显示到屏幕上。

示例如下：

```
            [root@localhost ~]#exportfs  -rv         //重新挂载
            exporting 192.168.7.0/255.255.255.0:/home/public
            exporting *:/home/public
            [root@localhost ~]#exportfs  -au         //全部卸载
```

4．测试

（1）showmount 命令。

showmount 命令用于查看有没有可以共享目录的指令，其语法结构如下：

showmount [-ae] hostname

其主要参数说明如下：

-a　在屏幕上显示目前主机与客户机所连上来的使用目录状态。

-e　显示 hostname 这部机器 /etc/exports 内的分享目录。

示例如下：

```
            [root@localhost ~]# showmount  -e  192.168.7.251
            Export list for 192.168.7.251:
            /home/public (everyone)
```

（2）将远程主机共享目录挂载到本机。

[root@localhost root]# mount -t nfs 192.168.7.251:/home/public /mnt/

其中，-t 表示文件系统类型，本例为 nfs 格式，192.168.7.251:/home/ public 为远程主机和共享目录，/mnt/是本机挂载点。查看是否挂载成功可用下面的命令。192.168.7.251 为 NFS 服务器的 IP 地址。

[root@localhost root]# ls   /mnt

六、应用案例实训

要求：

（1）共享目录为 /var/fileserver、可访问主机的 IP 地址为 192.168.7.55、权限为读写权限，写数据使用异步方式，用来保存 FTP 服务器的文件。

（2）共享目录为/var/webserver、可访问主机的 IP 地址为 192.168.7.56、权限为读写权限，写数据使用异步方式，用作 Web 服务器的主目录。

（3）共享目录为/var/logserver、可访问主机的 IP 地址为 192.168.7.57、权限为读写权限，写数据使用同步方式，用来保存 IP 地址为 192.168.7.57 服务器的日志。

NFS 服务器的配置如下：

首先创建 3 个目录，同时设置目录的拥有者和拥有组。

```
[root@localhost root]#mkdir    /var/fileserver
[root@localhost root]#mkdir    /var/webserver
[root@localhost root]#mkdir    /var/logserver
[root@localhost root]#chown    nfsnobody:nfsnobody    /var/fileserver
[root@localhost root]#chown    nfsnobody:nfsnobody    /var/webserver
[root@localhost root]#chown    nfsnobody:nfsnobody    /var/logserver
```

注：如果以后直接在服务器上的共享目录创建文件或目录，要记得将拥有者和拥有组设置为 nfsnobody，否则客户端在访问时会出现"Permission denied"。

下面编辑/etc/exports 文件：

```
[root@localhost root]#vi    /etc/exports
/var/fileserver    192.168.7.55(rw,async)    //设置共享目录/var/fileserver 只允许 IP 地址为 192.168.7.55
                                              的用户访问；且有读写的权限；数据先暂存于内存当中，
                                              而不直接写入硬盘；其他选项为默认选项

/var/webserver    192.168.7.56(rw,async)    //设置共享目录/var/webserver 只允许 IP 地址为 192.168.7.56
                                              的用户访问；且有读写的权限；数据先暂存于内存当中，
                                              而不直接写入硬盘；其他选项为默认选项

/var/logserver    192.168.7.57(rw,sync)    //设置共享目录/var/logserver 只允许 IP 地址为 192.168.7.57
                                             的用户访问；且有读写的权限；数据同步写入到内存与硬
                                             盘当中；其他选项为默认选项
```

第五章 MySQL 数据库的安装与使用

一、实训目的

掌握 MySQL 数据库的安装步骤、服务的启动、权限设置；熟练掌握数据库与表格的创建、对表格的增加、删除、修改与查询。

二、MySQL 数据库的简介

数据库是数据的结构化集合。它可以是任何东西，从简单的购物清单到画展，或企业网络中的海量信息。要想将数据添加到数据库或访问、处理计算机数据库中保存的数据，需要使用数据库管理系统，如 MySQL 服务器。计算机是处理大量数据的理想工具，因此，数据库管理系统在计算方面扮演着关键的中心角色，或是作为独立的实用工具，或是作为其他应用程序的组成部分。

关联数据库将数据保存在不同的表中，而不是将所有数据放在一个大的仓库内，这样就增加了速度并提高了灵活性。MySQL 的 SQL 指的是"结构化查询语言"；SQL 是用于访问数据库的最常用的标准化语言，它是由 ANSI/ISO SQL 标准定义的。

MySQL 的主要特性如下：

（1）能够工作在众多不同的平台上。
（2）提供了用于 C、C++、Eiffel、Java、Perl、PHP、Python、Ruby 和 Tcl 的 API。
（3）十分灵活和安全的权限和密码系统，允许基于主机的验证。
（4）SQL 函数是使用高度优化的类库实现的，运行很快。

三、软件安装

要让 MySQL 能够正常工作，至少要安装 mysql 与 mysql-server 两个软件包，通常还要安装 mysql-devel 软件，以及这 3 个软件所依赖的软件。首先用 yum list 命令查看 mysql、mysql-server 和 mysql-devel 软件是否安装了。步骤如下：

```
[root@mail ~]#yum    list    installed|grep    mysql
[root@mail ~]#yum    list    installed|grep    mysql-server
[root@mail ~]#yum    list    installed|grep    mysql-devel
[root@mail ~]#yum    install    mysql
[root@mail ~]#yum    install    mysql-server
[root@mail ~]#yum    install    mysql-devel
```

四、启动 MySQL 服务和常用程序介绍

在启动 MySQL 服务之前，要用 mysql_install_db 脚本程序对数据库进行初始化，主要是创建 MySQL 数据库以及初始化 user 表，命令如下：

```
[root@mail ~]#mysql_install_db
```

接下来使用启动 MySQL 数据库服务器和将 mysqld 服务设置为开机启动。命令如下：

  [root@mail ~]#service mysqld start

  [root@mail ~]#chkconfig --level 345 mysqld on

mysqld 服务器重启和停止命令为："service mysqld restart"、"service mysqld stop"。下面介绍 MySQL 提供了几种类型的程序。

1. MySQL 服务器和服务器启动脚本

mysqld：MySQL 服务器程序。

mysqld_safe、mysql.server 和 mysqld_multi：服务器启动脚本。

mysql_install_db：初始化数据目录和初始数据库。

2. 访问服务器的客户程序

mysql：一个命令行客户程序，用于交互式或以批处理模式执行 SQL 语句。

mysqladmin：用于管理功能的客户程序。

mysqlcheck：执行表维护操作。

mysqldump 和 mysqlhotcopy：负责数据库备份。

mysqlimport：导入数据文件。

mysqlshow：显示信息数据库和表的相关信息。

3. mysql 命令简介

mysql 是一个简单的 SQL 外壳，它支持交互式和非交互式使用。当交互使用时，查询结果采用 ASCII 表格式。当采用非交互式模式时，结果为 Tab 分割符格式。可以使用命令行选项更改输出格式。

如果由于结果较大而内存不足遇到问题，使用--quick 选项。这样可以强制 mysql 从服务器每次一行搜索结果，而不是检索整个结果集并在显示之前不得不将它保存到内存中。

使用 mysql 很简单，从命令行来调用它：

  [root@mail ~]#mysql

或：

  [root@mail ~]# mysql --user=user_name --password=your_password

然后就会进入 mysql 的交互式界面，在 mysql>提示符后可以输入各种命令。

4. mysqladmin 命令介绍

mysqladmin 是一个执行管理操作的客户程序，可以用它来检查服务器的配置和当前的状态，创建并删除数据库等。mysqladmin 命令格式如下：

  [root@mail ~]# mysqladmin [options] command [command-options] [command [command-options]] ...

mysqladmin 支持的常用命令：

  create db_name   //创建一个名为 db_name 的新数据库

  drop db_name   //删除名为 db_name 的数据库和所有表

  flush-privileges   //重载授权表（类似 reload）

  password new-password //设置一个新密码

将用 mysqladmin 连接服务器使用的账户的密码更改为 new-password。如果 new-password 包含空格或其他命令解释符的特殊字符，需要用引号将它引起来。例如：

  [root@mail ~]#mysqladmin password "my new password"

五、SQL 语句介绍

1. 创建数据库命令

CREATE　DATABASE　[IF NOT EXISTS]　db_name

CREATE DATABASE 用于创建数据库，并进行命名。如果要使用 CREATE DATABASE，需要获得数据库 CREATE 权限。

下面为创建数据库 testDB 的步骤：

```
#mysql                                  //启用 mysql 客户端程序
mysql> CREATE DATABASE testDB;          //使用 CREATE DATABASE 命令创建 testDB 数据库
Query OK, 1 row affected (0.00 sec)     //如果出现左边的内容，说明数据库创建成功
mysql> show databases;                  //使用 show databases 命令查看系统中已有的数据库
+--------------------+
| Database           |
+--------------------+
| information_schema |
| mysql              |
| test               |
| testDB             |
+--------------------+
4 rows in set (0.00 sec)
mysql>quit                              //退出 mysql 客户端程序
```

2. 删除数据库命令

DROP　DATABASE　[IF EXISTS]　db_name

下面为删除数据库 testDB 的步骤：

```
#mysql                                  //启用 mysql 客户端程序
mysql> DROP DATABASE testDB;            //使用 DROP DATABASE 命令删除 testDB 数据库
Query OK, 0 rows affected (0.01 sec)    //如果出现左边的内容，说明数据库删除成功
mysql> show databases;                  //使用 show databases 命令查看系统中已有的数据库
+--------------------+
| Databasc           |
+--------------------+
| information_schema |
| mysql              |
| test               |
+--------------------+
3 rows in set (0.00 sec)
mysql>quit                              //退出 mysql 客户端程序
```

3. 创建表格命令

CREATE　TABLE table_name ……

下面为在已存在数据库 testDB 中创建表格的步骤：

```
#mysql testDB          //启用 mysql 客户端程序，同时当前数据库为 testDB
mysql> CREATE TABLE admin (
    -> username varchar(255) NOT NULL default '',
    -> password varchar(255) NOT NULL default '',
```

```
    -> created datetime NOT NULL default '0000-00-00 00:00:00',
    -> modified datetime NOT NULL default '0000-00-00 00:00:00',
    -> active tinyint(1) NOT NULL default '1',
    -> PRIMARY KEY   (username)
    -> );         //创建 admin 表格
Query OK, 0 rows affected (0.02 sec)      //出现左边内容，说明表格创建成功
mysql> show tables;                       //查看当前数据库 testDB 中的所有表
+----------------------+
| Tables_in_testDB     |
+----------------------+
| admin                |
+----------------------+
1 row in set (0.00 sec)
mysql> CREATE TABLE domain (
    -> domain varchar(255) NOT NULL default '',
    -> description varchar(255) NOT NULL default '',
    -> aliases int(10) NOT NULL default '0',
    -> mailboxes int(10) NOT NULL default '0',
    -> maxquota int(10) NOT NULL default '0',
    -> transport varchar(255) default NULL,
    -> backupmx tinyint(1) NOT NULL default '0',
    -> created datetime NOT NULL default '0000-00-00 00:00:00',
    -> modified datetime NOT NULL default '0000-00-00 00:00:00',
    -> active tinyint(1) NOT NULL default '1',
    -> PRIMARY KEY   (domain)
    -> );                                 //创建 domain 表格
Query OK, 0 rows affected (0.00 sec)      //出现左边内容，说明表格创建成功
```

4. 删除表格命令

DROP   TABLE table_name

下面为在已存在数据库 testDB 中删除表格的步骤：

```
#mysql testDB        //启用 mysql 客户端程序，同时当前数据库为 testDB
mysql> show tables;  //查看 testDB 数据库中的表格
+----------------------+
| Tables_in_testDB     |
+----------------------+
| admin                |
| domain               |
+----------------------+
2 rows in set (0.00 sec)
mysql> DROP table domain;               //删除 testDB 数据库中的 domain 表格
Query OK, 0 rows affected (0.00 sec)    //说明删除表格成功
mysql> show tables;
+----------------------+
| Tables_in_testDB     |
+----------------------+
```

```
| admin              |
+--------------------+
1 row in set (0.00 sec)
```

5. 插入记录命令

INSERT INTO table_name ……

下面为在已存在的表格中插入记录的步骤：

```
#mysql testDB
mysql> INSERT INTO admin (username,password,created,modified,active) values
    -> ('jack','123456','2013-07-15 00:00:00','2013-07-15 00:00:00','1');
//向 admin 表中插入一条记录
Query OK, 1 row affected (0.00 sec)         //说明记录插入成功
mysql> INSERT INTO admin (username,password,created,modified,active) values ('mike','123456','2013-07-15 00:00:00','2013-07-15 00:00:00','1');
Query OK, 1 row affected (0.00 sec)
mysql> INSERT INTO admin (username,password,created,modified,active) values ('rose','123456','2013-07-15 00:00:00','2013-07-15 00:00:00','1');
Query OK, 1 row affected (0.00 sec)
mysql> select * from admin;                  //查看 admin 表中的所有记录
+----------+----------+---------------------+---------------------+--------+
| username | password | created             | modified            | active |
+----------+----------+---------------------+---------------------+--------+
| jack     | 123456   | 2013-07-15 00:00:00 | 2013-07-15 00:00:00 |      1 |
| mike     | 123456   | 2013-07-15 00:00:00 | 2013-07-15 00:00:00 |      1 |
| rose     | 123456   | 2013-07-15 00:00:00 | 2013-07-15 00:00:00 |      1 |
+----------+----------+---------------------+---------------------+--------+
```

6. 修改记录命令

UPDATE table_name SET …… WHERE ……

下面为在已存在的表格中修改记录的步骤：

```
#mysql testDB
mysql> UPDATE admin SET active='0' WHERE username='jack';   //修改 username 为 jack 的记录
Query OK, 1 row affected (0.00 sec)                          //修改记录成功
Rows matched: 1   Changed: 1   Warnings: 0
mysql> SELECT * FROM admin;                                  //查看 admin 表中的所有记录
+----------+----------+---------------------+---------------------+--------+
| username | password | created             | modified            | active |
+----------+----------+---------------------+---------------------+--------+
| jack     | 123456   | 2013-07-15 00:00:00 | 2013-07-15 00:00:00 |      0 |
| mike     | 123456   | 2013-07-15 00:00:00 | 2013-07-15 00:00:00 |      1 |
| rose     | 123456   | 2013-07-15 00:00:00 | 2013-07-15 00:00:00 |      1 |
+----------+----------+---------------------+---------------------+--------+
3 rows in set (0.00 sec)
```

7. 删除记录命令

DELETE FROM table_name   WHERE ……

下面为在已存在的表格中删除记录的步骤：

```
#mysql testDB
mysql> DELETE FROM admin WHERE username='rose';    //删除 username 为 rose 的记录
Query OK, 1 row affected (0.00 sec)                //删除记录成功
mysql> SELECT * FROM admin;                         //查看 admin 表中的所有记录
+----------+----------+---------------------+---------------------+--------+
| username | password | created             | modified            | active |
+----------+----------+---------------------+---------------------+--------+
| jack     | 123456   | 2013-07-15 00:00:00 | 2013-07-15 00:00:00 |      0 |
| mike     | 123456   | 2013-07-15 00:00:00 | 2013-07-15 00:00:00 |      1 |
+----------+----------+---------------------+---------------------+--------+
2 rows in set (0.00 sec)
```

8. 查看记录命令

SELECT * FROM table_name WHERE ……

下面为在已存在的表格中查看记录的步骤：

```
#mysql testDB
mysql> SELECT * FROM admin WHERE active=1 AND username='mike';
//查看满足条件的记录，显示所有字段

+----------+----------+---------------------+---------------------+--------+
| username | password | created             | modified            | active |
+----------+----------+---------------------+---------------------+--------+
| mike     | 123456   | 2013-07-15 00:00:00 | 2013-07-15 00:00:00 |      1 |
+----------+----------+---------------------+---------------------+--------+
1 row in set (0.00 sec)
```

9. MySQL 用户与权限

MySQL 权限系统保证所有的用户只执行允许做的事情。当连接 MySQL 服务器时，你的身份由你从哪儿连接的主机和你指定的用户名来决定。连接发出请求后，系统根据你的身份和你想做什么来授予权限。

MySQL 存取控制包含 2 个阶段：

阶段 1：服务器检查是否允许你连接。

阶段 2：假定你能连接，服务器检查你发出的每个请求。看你是否有足够的权限实施它。例如，如果你从数据库表中选择（SELECT）行或从数据库删除表，服务器确定你对表有 SELECT 权限或对数据库有 DROP 权限。

服务器在存取控制的两个阶段使用 mysql 数据库中的 user、db 和 host 表，这些授权表中的列如表 5-1 和表 5-2 所示。

表 5-1 user、db、host 权限表的字段

表名称	user	db	host	字段类型
范围字段	Host	Host	Host	char(60)
		Db	Db	char(64)
	User	User		char(16)
	Password	Password		char(41)

续表

表名称	user	db	host	字段类型
权限字段	Select_priv	Select_priv	Select_priv	enum('N','Y')
	Insert_priv	Insert_priv	Insert_priv	enum('N','Y')
	Update_priv	Update_priv	Update_priv	enum('N','Y')
	Delete_priv	Delete_priv	Delete_priv	enum('N','Y')
	Create_priv	Create_priv	Create_priv	enum('N','Y')
	Drop_priv	Drop_priv	Drop_priv	enum('N','Y')
	Reload_priv			enum('N','Y')
	Shutdown_priv			enum('N','Y')
	Process_priv			enum('N','Y')
	File_priv			enum('N','Y')
	Grant_priv	Grant_priv	Grant_priv	enum('N','Y')
	References_priv	References_priv	References_priv	enum('N','Y')
	Index_priv	Index_priv	Index_priv	enum('N','Y')
	Alter_priv	Alter_priv	Alter_priv	enum('N','Y')
	Show_db_priv			enum('N','Y')
	Super_priv			enum('N','Y')
	Create_tmp_table_priv	Create_tmp_table_priv	Create_tmp_table_priv	enum('N','Y')
	Lock_tables_priv	Lock_tables_priv	Lock_tables_priv	enum('N','Y')
	Execute_priv	Execute_priv	Execute_priv	enum('N','Y')
	Repl_slave_priv			enum('N','Y')
	Repl_client_priv			enum('N','Y')
	Create_view_priv	Create_view_priv	Create_view_priv	enum('N','Y')
	Show_view_priv	Show_view_priv	Show_view_priv	enum('N','Y')
	Create_routine_priv	Create_routine_priv	Create_routine_priv	enum('N','Y')
	Alter_routine_priv	Alter_routine_priv	Alter_routine_priv	enum('N','Y')
	Create_user_priv			enum('N','Y')
	Event_priv	Event_priv		enum('N','Y')
	Trigger_priv	Trigger_priv	Trigger_priv	enum('N','Y')

表 5-2　tables_priv、columns_priv 权限表的字段

表名	tables_priv	columns_priv	字段类型
范围列	Host	Host	char(60)
	Db	Db	char(64)
	User	User	char(16)
	Table_name	Table_name	char(64)
		Column_name	char(64)

续表

表名	tables_priv	columns_priv	字段类型
权限列	Table_priv		'Select','Insert','Update','Delete','Create','Drop','Grant','References','Index','Alter','Create View','Show view','Trigger'
	Column_priv	Column_priv	'Select','Insert','Update','References'

　　user 表范围列决定是否允许或拒绝到来的连接。对于允许的连接，user 表授予的权限指出用户的全局（超级用户）权限。这些权限适用于服务器上的 all 数据库。

　　db 表范围列决定用户能从哪个主机存取哪个数据库。权限列决定允许哪个操作。授予的数据库级别的权限适用于数据库和它的表。

　　当你想要一个给定的 db 表行应用于若干主机时，db 和 host 表一起使用。例如，如果你想要一个用户能在你的网络从若干主机使用一个数据库，在用户的 db 表行的 Host 值设为空值，然后将那些主机的每一个移入 host 表。

　　tables_priv 和 columns_priv 表类似于 db 表，但是更精致：它们在表和列级应用而并非在数据库级。授予表级别的权限适用于表和所有它的列。授予列级别的权限只适用于专用列。

10. 权限控制实例

　　默认情况下，host 表为空，远程主机都可以连接 mysql 数据库服务器，为了 mysql 数据库服务器的安全，只允许 192.168.7.251 主机的 admin 用户连接 mysql 数据库服务器，下面是对 mysql 数据库进行设置。

[root@mail ~]# mysql

首先看一下 host、db 和 user 表的默认信息。

```
mysql> select * from host;      //查看 host 表信息
Empty set (0.00 sec)            //说明 host 表为空
mysql> select * from db;        //查看 db 表信息
+------+---------+------+-------------+-------------+-------------+-------------+------------+----------+-----------+
------------------+------------+-----------+-------------+---------------------+-----------------+
+---------------------+----------------+------------------+----------------+-------------+
| Host | Db      | User | Select_priv | Insert_priv | Update_priv | Delete_priv | Create_priv | Drop_priv |
Grant_priv | References_priv | Index_priv | Alter_priv | Create_tmp_table_priv | Lock_tables_priv |
Create_view_priv | Show_view_priv | Create_routine_priv | Alter_routine_priv | Execute_priv |
Event_priv | Trigger_priv |
+------+---------+------+-------------+-------------+-------------+-------------+------------+----------+-----------+
------------------+------------+-----------+-------------+---------------------+-----------------+
+---------------------+----------------+------------------+----------------+-------------+
| %    | test    |      | Y           | Y           | Y           | Y           | Y           |
 Y    | N       | Y           | Y           | Y           | Y          |
 Y    | Y       | Y           | Y           |
 N    | Y       | Y           |             |
| %    | test\_% |      | Y           | Y           | Y           | Y           | Y           |
 Y    | N       | Y           | Y           | Y           | Y          |
 Y    | Y       | Y           | Y           |             | N          |
 N    | Y       | Y           |             |
```

2 rows in set (0.00 sec)   //允许所有的远程机器连接数据库的"test"与以"test_"开头的数据库

mysql> select * from user;   //查看 user 表信息

| Host | User | Password | Select_priv | Insert_priv | Update_priv | Delete_priv | Create_priv | Drop_priv | Reload_priv | Shutdown_priv | Process_priv | File_priv | Grant_priv | References_priv | Index_priv | Alter_priv | Show_db_priv | Super_priv | Create_tmp_table_priv | Lock_tables_priv | Execute_priv | Repl_slave_priv | Repl_client_priv | Create_view_priv | Show_view_priv | Create_routine_priv | Alter_routine_priv | Create_user_priv | Event_priv | Trigger_priv | ssl_type | ssl_cipher | x509_issuer | x509_subject | max_questions | max_updates | max_connections | max_user_connections |

localhost	root		Y	Y	Y	Y	Y	Y	Y	Y	Y	Y	Y	Y	Y	Y	Y	Y	Y	Y	Y	Y	Y	Y	Y	Y	Y	Y	Y	Y					0	0	0	0
mail.wujix.cq.cn	root		Y	Y	Y	Y	Y	Y	Y	Y	Y	Y	Y	Y	Y	Y	Y	Y	Y	Y	Y	Y	Y	Y	Y	Y	Y	Y	Y	Y					0	0	0	0
127.0.0.1	root		Y	Y	Y	Y	Y	Y	Y	Y	Y	Y	Y	Y	Y	Y	Y	Y	Y	Y	Y	Y	Y	Y	Y	Y	Y	Y	Y	Y					0	0	0	0
localhost			N	N	N	N	N	N	N	N	N	N	N	N

```
                |N             |N             |N             |N             |N             |N
                |N             |N             |N             |N             |N             |N
                |N             |N             |N             |N             |N             |N
                |N             |             |             |             |             |  0|
                 0|            0|            0|
| mail.wujix.cq.cn |        |            |N            |N            |N            |N
                |N            |N            |N            |N            |N            |N
                |N            |N            |N            |N            |N            |N
                |N            |N            |N            |N            |N            |N
                |N            |N            |N            |N            |N            |N
                |N            |            |            |            |            |  0|
                 0|           0|           0|
+-------------+------+---------+-------------+-------------+-------------+-------------+----------+
```

5 rows in set (0.00 sec)

//从上面的信息可以看出，本服务器只允许本机连接，mail.wujix.cq.cn 是本机的主机名称

从上面显示的信息可以看出，本 mysql 数据库服务器不允许远程机器连接，下面对数据库服务器进行权限配置。

mysql> grant all privileges on testDB.* to root@192.168.7.251;

//更新权限，IP 地址为 192.168.7.251 主机允许通过 root 用户登录，对数据库 testDB 拥有所有权限，此命令是在 user 表和 db 表中分别插入一条记录

mysql> set password for root@192.168.7.251 = password('123456');

//修改 host 为 192.168.7.251，user 为 root 的密码为 "123456"

Query OK, 0 rows affected (0.00 sec)   //密码修改成功

mysql> flush privileges; //让上面的命令生效

然后在 192.168.7.251 机器上登录数据库服务器，命令如下：

[root@localhost ~]# mysql -h 192.168.7.250 -u root -p
Enter password: //输入密码，但是密码看不见，而且没有提示
mysql> select current_user();   //找出服务器用来鉴定登录的账户
+------------------------+
| current_user() |
+------------------------+
| root@192.168.7.251 |
+------------------------+
1 row in set (0.01 sec)

其他主机登录数据库服务器会出现下面的提示。下面的主机 IP 地址为 192.168.7.252。

[root@localhost ~]# mysql -h 192.168.7.250 -u root -p
Enter password:
ERROR 1130 (HY000): Host '192.168.7.252' is not allowed to connect to this MySQL server

第六章　FTP 服务器的安装与配置

一、实训目的

了解 FTP 服务的工作原理；熟悉 FTP 的配置文件；掌握 FTP 的各种配置。

二、工作原理

FTP（File Transfer Protocol）是文件传输协议的简称。FTP 是应用层的协议，它基于传输层，为用户服务，它们负责进行文件的传输。

FTP 有两种使用模式：主动模式和被动模式。主动模式要求客户端和服务器端同时打开并且监听一个端口以建立连接。在这种情况下，客户端由于安装了防火墙会产生一些问题。所以，创立了被动模式。被动模式只要求服务器端产生一个监听相应端口的进程，这样就可以绕过客户端安装了防火墙的问题。

1. 主动模式 FTP

（1）客户端打开一个随机的端口（端口号大于 1024，这里称它为 x），同时一个 FTP 进程连接至服务器的 21 号命令端口。此时，源端口为随机端口 x，在客户端，远程端口为 21，在服务器。

（2）客户端开始监听端口（x+1），同时向服务器发送一个端口命令（通过服务器的 21 号命令端口），此命令告诉服务器客户端正在监听的端口号并且已准备好从此端口接收数据。这个端口就是我们所知的数据端口。

（3）服务器打开 20 号源端口并且建立和客户端数据端口的连接。此时，源端口为 20，远程数据端口为（x+1）。

（4）客户端通过本地的数据端口建立一个和服务器 20 号端口的连接，然后向服务器发送一个应答，告诉服务器它已经建立好了一个连接。

2. 被动模式 FTP

为了解决服务器发起到客户端连接的问题，人们开发了一种不同的 FTP 连接方式，这就是所谓的被动方式，或者叫做 PASV。当客户端通知服务器它处于被动模式时才启用。

在被动方式 FTP 中，命令连接和数据连接都由客户端发起，这样就可以解决从服务器到客户端的数据端口的入方向连接被防火墙过滤掉的问题。

当开启一个 FTP 连接时，客户端打开两个任意的非特权本地端口（N>1024 和 N+1）。第一个端口连接服务器的 21 端口，但与主动方式的 FTP 不同，客户端不会提交 PORT 命令并允许服务器来回连它的数据端口，而是提交 PASV 命令。这样做的结果是服务器会开启一个任意的非特权端口（P>1024），并发送 PORT P 命令给客户端，然后客户端发起从本地端口 N+1 到服务器的端口 P 的连接用来传送数据。

对于服务器端的防火墙来说，必须允许下面的通信才能支持被动方式的 FTP：

（1）从任何大于 1024 的端口到服务器的 21 端口（客户端的初始化连接）。

（2）服务器的 21 端口到任何大于 1024 的端口（服务器响应到客户端的控制端口的连接）。

（3）从任何大于 1024 端口到服务器的大于 1024 端口（客户端初始化数据连接到服务器指定的任意端口）。

（4）服务器的大于 1024 端口到远程的大于 1024 的端口（服务器发送 ACK 响应和数据到客户端的数据端口）。

三、软件安装

vsftpd 服务器软件的安装步骤如下：

```
[root@mail ~]#yum list installed |grep vsftpd    //查看 vsftpd 软件包是否安装
[root@mail ~]# yum install vsftpd
```

四、配置文件介绍

vsftpd 的配置文件的位置是/etc/vsftp/vsftpd.conf，配置文件的选项介绍如下：

1. 布尔选项

参数值的布尔选项可以是 YES 或者 NO。

allow_anon_ssl

说明：设置匿名用户是否允许使用安全的 SSL 连接服务器。只有 ssl_enable 激活了才可以启用此项。

默认值：NO。

anon_mkdir_write_enable

说明：设置匿名用户是否允许在指定的环境下创建新目录。如果此项要生效，那么配置 write_enable 必须被激活，并且匿名用户必须在其父目录有写权限。

默认值：NO。

anon_other_write_enable

说明：设置匿名用户是否被授予较大的写权限，例如删除和改名。

默认值：NO。

anon_upload_enable

说明：设置匿名用户是否允许在指定的环境下上传文件。如果此项要生效，那么配置 write_enable 必须激活，并且匿名用户必须在相关目录有写权限。

默认值：NO。

anon_world_readable_only

说明：设置匿名用户是否允许下载完全可读的文件，这也就允许了 FTP 用户拥有对文件的所有权，尤其是在上传的情况下。

默认值：YES。

anonymous_enable

说明：设置是否允许匿名用户登录。

默认值：YES。

ascii_download_enable

说明：设置是否允许用户下载时将以 ASCII 模式传送文件。
默认值：NO。

ascii_upload_enable
说明：设置是否允许用户上传时将以 ASCII 模式传送文件。
默认值：NO。

async_abor_enable
说明：设置一个特殊的 FTP 命令 "async ABOR" 是否允许使用。只有不正常的 FTP 客户端要使用这项功能。而且这个功能又难以操作，所以，默认是把它关闭了。但是，有些客户端在取消一个传送的时候会被挂死，那么只有启用这个功能才能避免这种情况。
默认值：NO。

background
说明：在 vsftpd 是 "listen" 模式启动时，是否将 VSFTPD 监听进程置于后台。在访问 vsftpd 时，控制台将立即被返回到 SHELL。
默认值：NO。

check_shell
说明：设置 vsftpd 是否检查 /etc/shells，以判定本地登录的用户是否有一个可用的 SHELL。这个选项只对非 PAM 结构的 vsftpd 才有效。
默认值：YES。

chmod_enable
说明：设置是否允许使用 SITE CHMOD 命令。这个选项只适用于本地用户；匿名用户绝不能使用 SITE CHMOD。
默认值：YES。

chown_uploads
说明：设置是否将匿名用户上传的文件的所有者变成在 chown_username 里指定的用户。
默认值：NO。

chroot_list_enable
说明：需要提供一个用户列表，设置表内的用户将在登录后是否被放在其 home 目录，并锁定在虚根下。如果 chroot_local_user 设为 YES 后，这个列表内的用户将不被锁定在虚根下。默认情况下，这个列表文件是 /etc/vsftpd.chroot_list，但也可以通过修改 chroot_list_file 来改变默认值。
默认值：NO。

chroot_local_user
说明：设置本地用户登录后是否被锁定在虚根下，并被放在它的 home 目录下。
默认值：NO。

connect_from_port_20
说明：设置控制服务器是否使用 20 端口号来做数据传输。
默认值：NO。

deny_email_enable
说明：如果激活，需要提供一个匿名用户的密码 E-MAIL 表以阻止以这些密码登录的匿名用户。默认情况下，这个列表文件是/etc/vsftpd.banner_emails，但也可以通过设置 banned_email_file 来改变默认值。

默认值：NO。

dirlist_enable

说明：如果设置为 NO，所有的列表命令都将被返回"permission denied"提示。

默认值：YES。

dirmessage_enable

说明：如果启用，FTP 服务器的用户在首次进入一个新目录的时候将显示一段信息。默认情况下，会在这个目录中查找.message 文件，但也可以通过更改 message_file 来改变默认值。

默认值：NO。

download_enable

说明：设置是否允许下载文件。

默认值：YES。

dual_log_enable

说明：如果启用，两个 LOG 文件会各自产生，默认的是/var/log/xferlog 和/var/log/vsftpd.log。前一个是 wu-ftpd 格式的 LOG，能被通用工具分析。后一个是 vsftpd 的专用 LOG 格式。

默认值: NO。

force_dot_files

说明：如果激活，即使客户端在使用 ls 命令时没有使用"-a"参数，以.开始的文件和目录都会显示在目录资源列表里。

默认值：NO。

force_local_data_ssl

说明：如果启用，所有的非匿名用户将被强迫使用安全的 SSL 登录以在数据线路上收发数据。只有在 ssl_enable 激活后才能启用。

默认值：YES。

force_local_logins_ssl

说明：如果启用，所有的非匿名用户将被强迫使用安全的 SSL 登录来发送密码。只有在 ssl_enable 激活后才能启用。

默认值：YES。

guest_enable

说明：如果启用，非匿名用户登录时将被视为"游客"，其名字将被映射为 guest_username 里所指定的名字。

默认值：NO。

hide_ids

说明：如果启用，目录资源列表里所有用户和组的信息将显示为"ftp"。

默认值：NO。

listen

说明：如果启用，vsftpd 将以独立模式（standalone）运行。直接运行 vsftpd 的可执行文件一次，然后 vsftpd 就自己去监听和处理连接请求了。

默认值：NO。

listen_ipv6

说明：类似于 listen 参数的功能，但有一点不同，启用后 vsftpd 会去监听 IPv6 套接字而不是 IPv4 的。这个设置和 listen 的设置互相排斥。

默认值：NO。

local_enable

说明：用来控制是否允许本地用户登录。如果启用，/etc/passwd 里面的正常用户的账号将被用来登录。

默认值：NO。

log_ftp_protocol

说明：启用后，如果 xferlog_std_format 选项没有启用，所有的 FTP 请求和反馈信息将被记录。

默认值：NO。

ls_recurse_enable

说明：如果启用，"ls –R" 将被容许使用。

默认值：NO。

no_anon_password

说明：如果启用，vsftpd 将不会向匿名用户询问密码，匿名用户将直接登录。

默认值：NO。

no_log_lock

说明：启用时，vsftpd 在写入 LOG 文件时将不会把文件锁住。

默认值：NO。

passwd_chroot_enable

说明：如果和 chroot_local_user 一起开启，那么用户锁定的目录来自/etc/passwd 每个用户指定的目录。

默认值：NO。

pasv_enable

说明：设置是否使用被动方式获得数据连接。

默认值：YES。

pasv_promiscuous

说明：如果想关闭被动模式安全检查的话，设为 YES。合理的用法是：在一些安全隧道配置环境下或者更好地支持 FXP 时，才启用它。

默认值：NO。

port_enable

说明：设置是否关闭以端口方式获得数据连接。

默认值：YES。

port_promiscuous

说明：设置是否关闭端口安全检查。

默认值：NO。

run_as_launching_user

说明：设置是否让一个本地用户能启动 vsftpd。当 ROOT 用户不能去启动 vsftpd 的时候会很有用。强烈警告！不要启用这一项，随意地启用这一项会导致非常严重的安全问题；特别是 VSFTPD 没有或者不能使用虚根技术来限制文件访问时，如果启用这一项，其他配置项的限制也会生效。例如，非匿名登录请求，上传文件的所有权的转换，用于连接的 20 端口和低于 1024 的监听端口将不会工作。

默认值：NO。

secure_email_list_enable

说明：设置是否只接受以指定 E-MAIL 地址登录的匿名用户。默认的文件名是 /etc/vsftpd.email_passwords。

默认值：NO。

session_support

说明：设置是否让 vsftpd 去尝试管理登录会话。

默认值：NO。

setproctitle_enable

说明：如果启用，vsftpd 将在系统进程列表中显示会话状态信息。

默认值：NO。

ssl_enable

说明：如果启用，vsftpd 将启用 openSSL，通过 SSL 支持安全连接。这个设置用来控制连接和数据线路。同时，你的客户端也要支持 SSL 才行。

默认值：NO。

ssl_sslv2

说明：如果启用，将允许 SSL V2 协议的连接。TLS V1 连接将是首选。要激活 ssl_enable 才能启用它。

默认值：NO。

ssl_sslv3

说明：如果启用，将允许 SSL V3 协议的连接。TLS V1 连接将是首选。要激活 ssl_enable 才能启用它。

默认值：NO。

ssl_tlsv1

说明：如果启用，将允许 TLS V1 协议的连接。TLS V1 连接将是首选。要激活 ssl_enable 才能启用它。

默认值：YES。

syslog_enable

说明：如果启用，系统日志将取代 vsftpd 的日志输出到/var/log/vsftpd.log。

默认值：NO。

tcp_wrappers

说明：如果启用，vsftpd 将支持 tcp_wrappers，进入的（incoming）连接将被 tcp_wrappers 控制。如果 tcp_wrappers 设置了 VSFTPD_LOAD_CONF 环境变量，那么 vsftpd 将尝试调用这

个变量所指定的配置。

默认值:NO。

tilde_user_enable

说明:如果启用,vsftpd 将试图解析类似于~chris/pics 的路径名。

默认值:NO。

use_localtime

说明:如果启用,vsftpd 在显示目录资源列表的时候,显示本地时间。

默认值:NO。

use_sendfile

说明:一个内部设定,用来测试在平台上使用 sendfile()系统呼叫的相关好处。

默认值:YES。

userlist_deny

说明:如果设置为 NO,那么只有在 userlist_file 里明确列出的用户才能登录。这个设置只有在 userlist_enable 被激活后才有效。

默认值:YES。

userlist_enable

说明:如果启用,vsftpd 将在 userlist_file 里读取用户列表。

默认值:NO。

virtual_use_local_privs

说明:如果启用,虚拟用户将拥有和本地用户一样的权限。

默认值:NO。

write_enable

说明:设置是否允许一些 FTP 命令去更改文件系统。这些命令是 STOR、DELE、RNFR、RNTO、MKD、RMD、APPE 和 SITE。

默认值:NO。

xferlog_enable

说明:如果启用,log 文件将详细记录上传和下载的信息。默认情况下,这个文件是/var/log/vsftpd.log,但也可以通过更改 vsftpd_log_file 来指定其默认位置。

默认值:NO。

xferlog_std_format

说明:如果启用,log 文件将以标准的 xferlog 格式写入,以便于用现有的统计分析工具进行分析。但默认的格式具有更好的可读性。默认情况下,log 文件是在/var/log/xferlog。

默认值:NO。

2. 数字选项

以下是数字配置项。这些项必须设置为非负的整数。为了方便 umask 设置,容许输入八进制数,那样的话,数字必须以 0 开始。

accept_timeout

说明:设置超时时间,以秒为单位,设定远程用户以被动方式建立连接时最大尝试建立连接的时间。

默认值：60。

anon_max_rate
说明：设置匿名用户允许的最大传送速率，单位：字节/秒，0 为无限制。
默认值：0。

anon_umask
说明：设置匿名用户创建的文件权限掩码。
默认值：0770。

connect_timeout
说明：设置远程用户必须回应 PORT 类型数据连接的最大时间，单位：秒。
默认值：60。

data_connection_timeout
说明：设置数据传输延迟的最大时间，单位：秒。
默认值：300。

file_open_mode
说明：设置上传的文件权限。如果想让被上传的文件可被执行，umask 要改成 0777。
默认值：0666。

ftp_data_port
说明：设置 PORT 模式下的连接端口。
默认值：20。

idle_session_timeout
说明：设置远程客户端在两次输入 FTP 命令间的最大时间间隔，单位：秒。
默认值：300。

listen_port
说明：在 vsftpd 处于独立运行模式，这个端口设置将监听的 FTP 连接请求。
默认值：21。

local_max_rate
说明：设置本地认证用户设定最大传输速度，单位：字节/秒，0 为无限制。
默认值：0。

local_umask
说明：设置本地用户创建的文件的权限。
默认值：0777。

max_clients
说明：如果 vsftpd 运行在独立运行模式，这里设置允许连接的最大客户端数，0 为无限制。
默认值：0。

max_per_ip
说明：如果 vsftpd 运行在独立运行模式，这里设置允许一个 IP 地址的最大接入客户端，0 为无限制。
默认值：0。

pasv_max_port

说明：设置为被动模式数据连接分配的最大端口，0 为无限制。

默认值：0。

pasv_min_port

说明：设置为被动模式数据连接分配的最小端口，0 为无限制。

默认值：0。

3. STRING 配置项

anon_root

说明：设置一个目录，在匿名用户登录后，vsftpd 会尝试进入这个目录下。

默认值：无。

banned_email_file

说明：deny_email_enable 启动后，匿名用户如果使用这个文件里指定的 E-MAIL 密码登录将被拒绝。

默认值：/etc/vsftpd.banned_emails。

banner_file

说明：设置一个文本，在用户登录后显示文本内容。

默认值：无。

chown_username

说明：改变匿名用户上传的文件的所有者。需设定 chown_uploads。

默认值：root。

chroot_list_file

说明：这个项提供了一个本地用户列表，列表内的用户登录后将被放在虚根下，并锁定在 home 目录。这需要 chroot_list_enable 项被启用。如果 chroot_local_user 项被启用，这个列表就变成一个不再将列表里的用户锁定在虚根下的用户列表。

默认值：/etc/vsftpd.chroot_list。

cmds_allowed

说明：以逗号分隔的方式指定可用的 FTP 命令，其他命令将被屏蔽。例如：cmds_allowed=PASV,RETR,QUIT

默认值：无。

deny_file

说明：设置一个文件名或者目录名，以阻止在任何情况下访问它们，并不是隐藏它们，而是拒绝任何试图对它们进行的操作。

默认值：无。

dsa_cert_file

说明：设置为 SSL 加密连接指定了 DSA 证书的位置。

默认值：无。

email_password_file

说明：在设置了 secure_email_list_enable 后，这个设置可以用来提供一个备用文件。

默认值：/etc/vsftpd.email_passwords。

ftp_username

说明：设置控制匿名 FTP 的用户名。这个用户的 home 目录是匿名 FTP 区域的根。
默认值：ftp。
ftpd_banner
说明：当一个连接首次接入时将提供一个欢迎界面。
默认值：无。
guest_username
说明：这个设置设定了游客进入后，其将会被映射的名字。
默认值：ftp。
hide_file
说明：设置了一个文件名或者目录名列表，这个列表内的资源会被隐藏，不管是否有隐藏属性。
默认值：无。
listen_address
说明：如果 vsftpd 运行在独立模式下，本地接口的默认监听地址将被这个设置代替。
默认值：无。
listen_address6
说明：如果 vsftpd 运行在独立模式下，要为 IPv6 指定一个监听地址。
默认值：无。
local_root
说明：设置一个本地用户登录后，vsftpd 试图让他进入的一个目录。
默认值：无。
message_file
说明：当进入一个新目录的时候，会查找这个文件并显示文件里的内容给远程用户。需要 dirmessage_enable 启用。
默认值：.message。
nopriv_user
说明：设置 vsftpd 做为完全无特权的用户的名字。
默认值：nobody。
pam_service_name
说明：设置 vsftpd 将要用到的 PAM 服务的名字。
默认值：ftp。
pasv_address
说明：当使用 PASV 命令时，vsftpd 会用这个地址进行反馈。需要提供一个数字化的 IP 地址。
默认值：无。
rsa_cert_file
说明：设置指定了 SSL 加密连接需要的 RSA 证书的位置。
默认值：/usr/share/ssl/certs/vsftpd.pem。
secure_chroot_dir

说明：设置指定了一个空目录，这个目录不允许 ftp 用户写入。在 vsftpd 不希望文件系统被访问时，目录为安全的虚根目录。

默认值：/usr/share/empty。

ssl_ciphers

说明：设置将选择 vsftpd 为加密的 SSL 连接所用的 SSL 密码。

默认值：DES-CBC3-SHA。

user_config_dir

说明：设置容许覆盖一些在手册页中指定的配置项。用法很简单，如果把 user_config_dir 改为/etc/vsftpd_user_conf，那么以 chris 登录，vsftpd 将调用配置文件/etc/vsftpd_user_conf/chris。

默认值：无。

user_sub_token

说明：设置将依据一个模板为每个虚拟用户创建 home 目录。例如，如果真实用户的 home 目录通过 guest_username 为/home/virtual/$USER 指定，并且 user_sub_token 设置为$USER，那么虚拟用户 fred 登录后将锁定在/home/virtual/fred 下。

默认值：无。

userlist_file

说明：当 userlist_enable 被激活，系统将调用这个文件。

默认值：/etc/vsftpd.user_list。

vsftpd_log_file

说明：只有 xferlog_enable 被设置，而且 xferlog_std_format 没有被设置时，此项才会生效。

默认值：/var/log/vsftpd.log。

xferlog_file

说明：设置生成 wu-ftpd 格式的 log 的文件名。只有启用了 xferlog_enable 和 xferlog_std_format 后才能生效，但不能和 dual_log_enable 同时启用。

默认值：/var/log/xferlog。

五、实例配置

要求：匿名用户只能读取 ftp://192.168.7.250/目录下的文件，没有其他的权限；本地用户登录需要验证，并且只能访问自己的家目录且拥有此目录下的所有权限和 ftp://192.168.7.250/ 的只读权限。192.168.7.250 为 FTP 服务器的 IP 地址。

1. 配置 FTP 服务器

服务器的配置文件/etc/vsftpd/vsftpd.conf 的内容如下：

```
anon_root=/var/ftp              //设置匿名用户的根目录
anonymous_enable=YES            //设置匿名用户允许登录
local_enable=YES                //设置本地用户允许登录
write_enable=YES                //设置 FTP 用户允许改变系统即创建、删除目录等操作
local_umask=022                 //设置本地用户权限的掩码
anon_upload_enable=NO           //设置匿名用户不允许上传文件
anon_mkdir_write_enable=NO      //设置匿名用户没有写的权限
dirmessage_enable=YES
```

```
xferlog_enable=YES
connect_from_port_20=YES        //设置数据传输的端口为20端口
xferlog_file=/var/log/xferlog
xferlog_std_format=YES
listen=YES
pam_service_name=vsftpd         //设置用户验证模式的文件为/etc/pam.d/vsftpd
```

2. 设置防火墙与 selinux

设置 FTP 服务器的防火墙允许 TCP 协议的 20 端口和 21 端口建立连接，在/etc/sysconfig/iptables 文件中 "-A INPUT -m state --state NEW -m tcp -p tcp --dport 22 -j ACCEPT" 之前增加下面的两行内容，然后用 "service iptables restart" 命令重新启动防火墙。

```
-A INPUT -m state --state NEW -m tcp -p tcp --dport 20 -j ACCEPT
-A INPUT -m state --state NEW -m tcp -p tcp --dport 21 -j ACCEPT
```

接下来设置 selinux 的 "ftp_home_dir" 标签为 "on"，否则系统账户无法登录服务器。修改命令如下：

```
[root@mail ~]#setsebool -P ftp_home_dir on
```

可以用下面的命令查看 ftp_home_dir 的设置值。

```
[root@mail ~]#getsebool -a |grep ftp_home_dir
```

3. 启动服务

FTP 服务器的启动命令和设置开机启动命令如下：

```
[root@mail ~]#service vsftpd start              //启动服务
Starting vsftpd for vsftpd:                                    [ OK ]
[root@mail ~]#chkconfig --level 345 sftpd on    //开机启动
```

vsftpd 服务的停止和重启命令如下：

```
[root@mail ~]#service vsftpd stop               //停止服务
[root@mail ~]#service vsftpd restart            //重启服务
```

4. 测试

在 Windows 系统下打开 DOS 窗口，在窗口中的提示符下输入 ftp://192.168.7.250，然后输入用户名 wujix，接着输入密码，出现登录 FTP 服务器成功的提示，用 pwd 命令可以查看当前的目录为用户 wujix 的主/home/wujix，如图 6-1 所示。

```
C:\WINDOWS\system32\cmd.exe - ftp 192.168.7.250

C:\Documents and Settings\Administrator>ftp 192.168.7.250
Connected to 192.168.7.250.
220 (vsFTPd 2.2.2)
User (192.168.7.250:(none)): wujix
331 Please specify the password.
Password:
230 Login successful.
ftp> pwd
257 "/home/wujix"
ftp>
```

图 6-1 系统用户登录测试

下面测试匿名用户登录的结果，如图 6-2 所示。

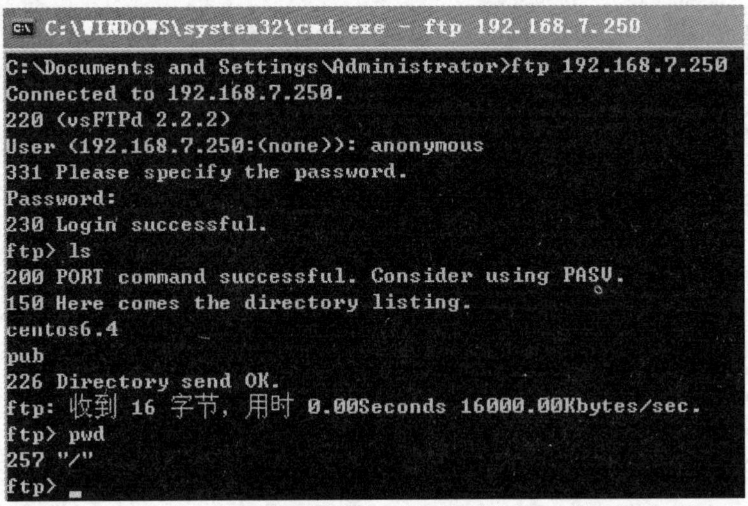

图 6-2 匿名用户登录测试

六、应用案例实训

要求：创建一个支持虚拟用户的 ftp 服务器，虚拟用户的用户名和密码保存在 mysql 数据库中，每一个虚拟用户有自己的用户目录，虚拟用户登录的目录为用户自己目录，拥有所有的权限；匿名用户只能读取根目录下的文件，没有其他的权限；系统用户无法登录；ftp 服务器使用被动模式，数据传输使用的端口范围是 30000～30999；每个 ftp 进程的下载速度为 50000 字节/秒；上传速度为 50000 字节/秒；每个 IP 地址主机最多只能同时开启五个 ftp 进程；连接服务器的客户数量最多为 100。

1. 数据库的设置

在 mysql 数据库服务器中创建 ftpd 数据库，然后在 ftpd 数据库中创建 user 表格，在表格中插入两条记录，接着修改数据库的权限，最后更新数据库的权限。mysql 的配置如下：

[root@mail ~]#mysql
mysql>create database ftpd;
mysql>use ftpd;
mysql>create table user(name char(20) binary,passwd char(20) binary);
mysql>insert into user (name,passwd) values ('test1','12345');
mysql>insert into user (name,passwd) values ('test2','54321');
mysql>grant select on ftpd.user to ftp@localhost identified by '123456';
mysql>flush privileges;

2. 下载 pam-mysql 进行安装编译

首先安装 gcc、make、pam-devel、mysql-devel 软件，gcc 是 Linux 操作系统下 C 语言开发环境，make 为其编译工具，gcc 和 make 为编译 pam-mysql 源代码所需要的。pam-devel、mysql-devel 为 pam 的开发包，是 pam-mysql 所依赖的软件包。

[root@mail ~]# yum install make
[root@mail ~]# yum install gcc
[root@mail ~]# yum install pam-devel
[root@mail ~]# yum install mysql-devel

下载地址为：http://nchc.dl.sourceforge.net/sourceforge/pam-mysql/pam_mysql-0.5.tar.gz。

[root@mail ~]#cd /home/
[root@mail home]#tar xzvf pam_mysql-0.5.tar.gz
[root@mail home]#cd pam_mysql

将 pam-mysql 目录下 Makefile 文件中下面一行的内容"export LD_D=gcc -shared -Xlinker -x -L/usr/lib/mysql -lz"修改为 "export LD_D=gcc -shared -Xlinker -x -L/usr/lib64/mysql -lz"，因为安装的系统是字长为 64 的 Linux 操作系统。

[root@mail pam_mysql]#make
[root@mail pam_mysql]#cp   pam_mysql.so   /lib64/security

3. 建立 PAM 认证信息
vi /etc/pam.d/vsftpd，内容如下：

auth required /lib64/security/pam_mysql.so user=ftp passwd=123456 host=localhost db=ftpd table=user usercolumn=name passwdcolumn=passwd crypt=0
account required /lib64/security/pam_mysql.so user=ftp passwd=123456 host=localhost db=ftpd table=user usercolumn=name passwdcolumn=passwd crypt=0

4. 设置防火墙与 selinux

设置防火墙允许 tcp 协议的 20 端口和 30000～30999 端口建立连接，在 /etc/sysconfig/iptables 文件中 "-A INPUT -m state --state NEW -m tcp -p tcp --dport 22 -j ACCEPT" 之前增加下面两行的内容：

-A INPUT -m state --state NEW -m tcp -p tcp --dport 21 -j ACCEPT
-A INPUT -m state --state NEW -m tcp -p tcp --dport 30000:30999 -j ACCEPT

要设置 vsftpd 能够连接数据库进行用户信息认证，selinux 的配置如下：

[root@mail ~]# setsebool -P ftpd_connect_db on

5. vsftpd 的配置文件

```
local_enable=YES            //设置本地用户允许登录
write_enable=YES            //设置 FTP 用户允许改变系统即创建、删除目录等操作
local_umask=022             //设置本地用户权限的掩码
anonymous_enable=YES        //设置匿名用户允许访问
anon_upload_enable=NO       //设置匿名用户不允许上传文件
anon_mkdir_write_enable=NO  //设置匿名用户不允许创建目录
anon_world_readable_only=YES //设置匿名用户只有读的权限
anon_root=/var/ftp/         //设置匿名用户的根目录
dirmessage_enable=YES
listen=YES
listen_port=21              //侦听的端口为 21 端口
xferlog_enable=YES
xferlog_file=/var/log/xferlog
xferlog_std_format=YES
pam_service_name=vsftpd     //设置用户验证模式的文件为 /etc/pam.d/vsftpd
chroot_local_user=YES       //本地用户登录后将被锁定在虚根下，即只能访问用户的家目录
pasv_enable=YES             //设置使用被动方式获得数据连接
pasv_min_port=30000         //设置使用被动方式获得数据连接的最小端口为 30000
pasv_max_port=30999         //设置使用被动方式获得数据连接的最大端口为 30999
guest_enable=YES            //非匿名用户登录时其用户名将被映射为 guest_username 里所指定的用户名
```

guest_username=ftp
virtual_use_local_privs=YES   //虚拟用户将拥有和本地用户一样的权限
local_root=/var/virftpuser/$USER   //设置虚拟用户的访问目录，不同的虚拟用户访问不同 home 目录
user_sub_token=$USER   //设置将依据一个模板为每个虚拟用户创建 home 目录
max_clients=100   //访问的最大用户数量为 100 个
max_per_ip=5   //每个 IP 地址最多只能建立 5 个链接
local_max_rate=50000   //本地认证用户的最大访问速度为 50kB/s
anon_max_rate=50000   //匿名用户的最大访问速度为 50kB/s

6. 创建虚拟用户目录

[root@mail pam_mysql]#mkdir /var/virftpusr
[root@mail pam_mysql]#mkdir /var/virftpuser/test1   //创建虚拟用户 test1 的主目录
[root@mail pam_mysql]#mkdir /var/virftpuser/test2   //创建虚拟用户 test2 的主目录
[root@mail pam_mysql]#chown -R ftp:ftp /var/virftpuser //修改/var/virftpuser 目录和其子目录的拥有者和拥有组

第七章 DHCP 服务器的安装与配置

一、实训目的

了解 DHCP 服务的工作原理；熟悉 DHCP 的配置文件；掌握 DHCP 的各种配置。

二、工作原理

DHCP 是 Dynamic Host Configuration Protocol 的缩写，它的前身是 BOOTP。

1. DHCP 的两种地址分配方式

DHCP 的两种地址分配方式如下：

（1）自动分配方式（Automatic Allocation）：DHCP 服务器给主机指定一个永久的 IP 地址。

（2）动态分配方式（Dynamic Allocation）：DHCP 服务器给主机指定一个有时间限制（租约）的 IP 地址，到租约（Lease）或主机明确表示放弃（Release）这个地址时，这个地址可以被其他的主机使用。当然，客户端可以比其他主机更优先的延续（renew）租约，或是租用其他的 IP 地址。

在这两种方式中，只有动态分配的方式可以对已经分配给主机但现在此主机已经不用的 IP 地址重新加以利用。这样，在给一台临时连入网络的主机分配地址或者在一组不需要永久的 IP 地址的主机中共享一组有限的 IP 地址时，动态分配显得特别有用。当一台新主机要永久的接入一个网络时，而网络的 IP 地址非常有限，为了将来这台主机被淘汰时能回收 IP 地址，这种情况下动态分配也是一个很好的选择。

DHCP 除了能动态的设定 IP 地址之外，还可以将一些 IP 保留下来给一些特殊用途的机器使用，它可以按照网卡 MAC 码来固定分配 IP 地址，这样可以有更大的设计空间。同时，DHCP 还可以帮客户端指定 Router、Netmask、DNS Server、WINS Server 等项目，在客户端上面，除了将 DHCP 选项打勾之外，几乎无需做任何的 IP 环境设定。

2. DHCP 的工作过程

DHCP 的工作过程如下：

（1）寻找 Serve：当 DHCP 客户端第一次连接上网络的时候，也就是客户发现本机上没有任何 IP 配置时，它会向网络上发出一个 DHCP Discover 数据包。因为客户端还不知道自己属于哪一个网络，所以数据包的源地址为 0.0.0.0，目的地址为 255.255.255.255，然后再附上 DHCP Discover 的信息，向网络进行广播。在 Windows 的预设情形下，DHCP Discover 的等待时间预设为 1 秒，也就是当客户端将第一个 DHCP Discover 数据包送出去之后，在 1 秒内没有得到回应的话，就会进行第二次 DHCP Discover 广播。若一直得不到回应，客户端一共会有 4 次 DHCP Discover 广播，除了第一次会等待 1 秒外，其余三次的等待时间分别是 9 秒、13 秒、16 秒。

（2）提供 IP 地址：当 DHCP 服务器监听到客户端发出的 DHCP Discover 广播后，它会从那些还没有租出的地址范围内，选择最前面的空闲 IP，连同其他 TCP/IP 设定，回应给客户端一个 DHCP Offer 数据包。由于客户端在开始的时候还没有 IP 地址，所以在其 DHCP

Discover 数据包内会带有其 MAC 地址信息，并且有一个 XID 编号来辨别该数据包，DHCP 服务器回应的 DHCP Offer 数据包，会根据这些资料传递给请求地址的客户。根据服务器端的设定，DHCP Offer 数据包包含一个租约的信息。

（3）接受 IP 地址：如果客户端收到网络上多台 DHCP 服务器的回应，只会挑选其中一个 DHCP Offer 数据包（通常是最先抵达的那个），并且向网络上发送一个 DHCP Request 广播包，告诉所有 DHCP 服务器它将指定接受哪一台服务器提供的 IP 地址。同时，客户端还会向网路发送一个 ARP 数据包，查询网络上面有没有其他机器使用该 IP 地址；如果发现该 IP 已经被占用，客户端则会送出一个 DHCP Decline 数据包给 DHCP 服务器，拒绝接受其 DHCP Offer，并重新发送 DHCP Discover 信息。事实上，并不是所有 DHCP 客户端都会无条件接受 DHCP 服务器的 Offer，尤其这些主机安装有其他 TCP/IP 相关的客户软件。客户端也可以用 DHCP Request 向服务器提出 DHCP 选择，而这些选择会以不同的号码填写在 DHCP Option Field 里面。换一句话说，在 DHCP 服务器上面的设定，未必是客户端全都接受，客户端可以保留自己的一些 TCP/IP 设定。

（4）租约确认：当 DHCP 服务器接收到客户端的 DHCP Request 之后，向客户端发出一个 DHCP ACK 回应，确认 IP 租约正式生效，同时结束了一个完整的 DHCP 工作过程。

（5）续租：一旦 DHCP 客户端成功地从服务器那里获得 DHCP 租约之后，除非其租约已经失效并且 IP 地址被重新设定回 0.0.0.0，否则就不需要再发送 DHCP Discover 数据包了，而是直接使用已经获得到的 IP 地址，向以前 DHCP 服务器发出 DHCP Request 信息，DHCP 服务器会尽量让客户端使用原来的 IP 地址，如果没问题的话，直接回应 DHCP ACK 来确认。如果该地址已经被其他机器使用了，服务器会回应一个 DHCP NACK 数据包给客户端，要求其重新执行 DHCP Discover。

（6）跨网段的 DHCP：需要在路由器相应以太网端口上启用 DHCP 中继。

三、软件安装

在安装 DHCP rpm 包之前用 yum list installed |grep dhcp 查看一下 dhcp 软件是否安装。如果没有安装，可以用 Yum 命令进行安装，Yum 命令安装时会找出 dhcp 的依赖软件包 portreserv，然后提示用户是否安装，如果用户回答"y"，则会安装 dhcp 和它所依赖的所有软件。安装过程如下：

```
[root@mail /]#yum list installed |grep dhcp
[root@mail home]# yum install dhcp
```

四、配置文件介绍

DHCP 服务器的配置文件的位置是/etc/dhcp/dhcpd.conf，配置文件的选项介绍如下：

1. dhcpd.conf 文件格式

```
#全局配置
参数或选项;                    #全局生效
#局部配置
声明{
            参数或选项;        #局部生效
}
```

2. DHCP 配置文件中的 parameters（参数）

ddns-update-style {none|interim|ad-hoc}

说明：配置 DHCP-DNS 互动更新模式。总共有 3 个选项，none、interim 都表示不更新，ad-hoc 表示点对点，无线网络的临时互联需求，通常很少设置。

default-lease-time 数字

说明：指定默认租赁时间的长度，单位是秒。

max-lease-time 数字

说明：指定最大租赁时间长度，单位是秒。

hardware 网卡接口类型 MAC 地址

说明：指定网卡接口类型和 MAC 地址。

server-name 服务器名称

说明：通知 DHCP 客户服务器名称。

get-lease-hostnames flag

说明：检查客户端使用的 IP 地址。

fixed-address IP 地址

说明：分配给客户端一个固定的地址。

authoritative

说明：拒绝不正确的 IP 地址的要求。

3. DHCP 配置文件中的 declarations（声明）

shared-network 名称 { }

说明：用来告知是否一些子网络分享相同网络。

subnet 网段地址 netmask 子网掩码 { }

说明：描述一个 IP 地址是否属于该子网。

range 起始 IP 终止 IP

说明：提供动态分配 IP 的范围。

host 主机名称

说明：参考特别的主机。

group

说明：为一组参数提供声明。

allow unknown-clients/deny unknown-client

说明：是否动态分配 IP 给未知的使用者。

allow bootp/deny bootp

说明：是否响应激活查询。

allow booting/deny booting

说明：是否响应使用者查询。

filename 文件名称

说明：开始启动文件的名称，应用于无盘工作站。

next-server IP 地址或主机名

说明：设置服务器从引导文件中装入主机名，应用于无盘工作站。

4. DHCP 配置文件中的 option（选项）

option   subnet-mask   子网掩码
说明：为客户端设定子网掩码。

option   domain-name   域名
说明：为客户端指明 DNS 名字。

option   domain-name-servers   IP 地址
说明：为客户端指明 DNS 服务器 IP 地址。

option   host-name   主机名
说明：为客户端指定主机名称。

option   routers   IP 地址
说明：为客户端设定默认网关。

option   broadcast-address   IP 地址
说明：为客户端设定广播地址。

option   ntp-server   IP 地址
说明：为客户端设定网络时间服务器 IP 地址。

option   time-offset   数字
说明：为客户端设定和格林威治时间的偏移时间，单位是秒。

五、实例配置

要求：配置一个 DHCP 服务器，此服务器的分配 IP 地址的空间为 192.168.1.0/24；192.168.1.1 为网关 IP 地址；192.168.1.254 为域名服务器的 IP 地址；将 IP 地址为 192.168.1.100 地址分配给 MAC 地址为 94-39-E5-62-21-E1 的主机；租约期限最大值为 3 天；租约期限默认值为 1.5 天。

1. 配置 DHCP 服务器

服务器的配置文件 /etc/dhcp/dhcpd.conf 的内容如下：

```
subnet 192.168.1.0 netmask 255.255.255.0 {         //声明以下的配置是 192.168.1.0 网段的相关设置
    range 192.168.1.2 192.168.1.253;               //设置动态分配 IP 地址的范围
    option domain-name-servers   192.168.1.254;    //设置客户端域名服务器 IP 地址
    option routers 192.168.1.1;                    //设置客户端的默认网关
    option broadcast-address 192.168.1.255;        //设置客户端的广播地址
    default-lease-time 129600;                     //设置默认租赁时间
    max-lease-time 259200;                         //设置最大租赁时间
}
host fantasia {                                    //预留主机 IP 地址
    hardware ethernet 94:39:E5:62:21:E1;            //设置预留客户机的 MAC 地址
    fixed-address 192.168.1.100;                   //设置预留客户机的 IP 地址
}
```

2. 设置防火墙与 selinux

设置 DHCP 服务器的防火墙允许 DHCP 服务器的 UDP 协议的 69 端口被访问，在 -A INPUT -m state --state NEW -m tcp -p tcp --dport 22 -j ACCEPT 行的前面增加一行，内容如下：

-A INPUT   -p udp --dport 69   -j   ACCEPT

然后重启防火墙，命令如下：

    [root@mail ~]#service iptables restart

3. 启动 DHCP 服务

启动 DHCP 服务和将 DHCP 服务设置为开机启动，命令如下：

    [root@mail /]# service dhcpd start　　　　　　　　//启动 DHCP 服务

    [root@mail /]# chkconfig --level 345 dhcpd on　　//设置开机启动服务

下面的命令是停止服务和重启服务：

    [root@mail /]# service dhcpd stop　　　　　　　　//停止 DHCP 服务

    [root@mail /]# service dhcpd restart　　　　　　　//重启 DHCP 服务

4. 测试

客户端测试，主要介绍 Windows 平台的测试，首先将鼠标放在桌面的"网上邻居"图标上，然后右击，出现下拉菜单，单击"属性"菜单，出现"网络连接"窗口，如图 7-1 所示。

图 7-1　"网络连接"窗口

将鼠标移动到"无线网络连接"的图标上，右击，出现下拉菜单，单击"属性"菜单，出现"无线网络连接属性"对话框，如图 7-2 所示。

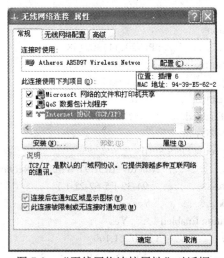

图 7-2　"无线网络连接属性"对话框

选择图中的"TCP/IP"选项，单击"属性"按钮，出现"TCP/IP 属性"对话框，如图 7-3 所示。

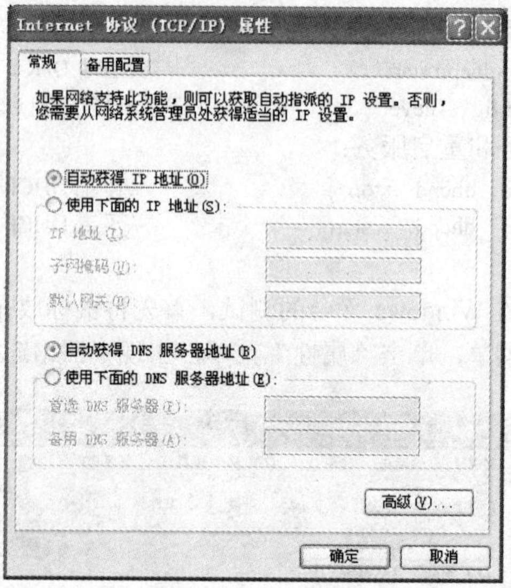

图 7-3 TCP/IP 属性

设置如图 7-3 所示，然后单击"TCP/IP 属性"的"确定"按钮，接着单击"无线网络连接属性"的"关闭"按钮完成设置。打开 DOS 窗口，使用"ipconfig /renew"命令重新获得 IP 地址，用"ipconfig /all"命令查看网卡信息。

```
C:\Documents and Settings\Administrator>ipconfig /renew
Windows IP Configuration
Ethernet adapter 无线网络连接:
        Connection-specific DNS Suffix  . :
        IP Address. . . . . . . . . . . . : 192.168.1.100
        Subnet Mask . . . . . . . . . . . : 255.255.255.0
        Default Gateway . . . . . . . . . : 192.168.1.1
C:\Documents and Settings\Administrator>ipconfig /all
Windows IP Configuration
        Host Name . . . . . . . . . . . . : PC-201111300138
        Primary Dns Suffix  . . . . . . . :
        Node Type . . . . . . . . . . . . : Broadcast
        IP Routing Enabled. . . . . . . . : No
        WINS Proxy Enabled. . . . . . . . : No
Ethernet adapter 无线网络连接:
        Connection-specific DNS Suffix  . :
        Description . . . . . . . . . . . : Atheros AR5B97 Wireless Network Adapter
        Physical Address. . . . . . . . . : 94-39-E5-62-21-E1
        Dhcp Enabled. . . . . . . . . . . : Yes
        Autoconfiguration Enabled . . . . : Yes
        IP Address. . . . . . . . . . . . : 192.168.1.100
        Subnet Mask . . . . . . . . . . . : 255.255.255.0
```

```
Default Gateway . . . . . . . . . : 192.168.1.1
DHCP Server . . . . . . . . . . . : 192.168.1.250
DNS Servers . . . . . . . . . . . : 192.168.1.254
Lease Obtained. . . . . . . . . . : 2013 年 7 月 19 日  星期五  23:24:09
Lease Expires . . . . . . . . . . : 2013 年 7 月 21 日  星期日  5:24:09
```

六、应用案例实训

要求：配置一个 DHCP 服务器，服务器的 IP 地址为 192.168.1.2，此服务器的分配 IP 地址的空间为 192.168.1.0/24、192.168.2.0/24、192.168.3.0/24；192.168.1.1 为 192.168.1.0/24 网段的网关 IP 地址；192.168.2.1 为 192.168.2.0/24 网段的网关 IP 地址；192.168.3.1 为 192.168.3.0/24 网段的网关 IP 地址；域名服务器的 IP 地址为 192.168.1.254；租约期限最大值为 3 天；租约期限默认值为 1.5 天；每个网段保留 15 个 IP 地址为通过网络安装操作系统的主机，配置文件和引导文件的服务器是 TFTP 服务器，其 IP 地址为 192.168.1.2。

DHCP 服务器的配置如下：

```
[root@mail ~]# more /etc/dhcp/dhcpd.conf      //显示 dhcp 的配置文件内容
ddns-update-style interim;                    //设置 DHCP-DNS 互动更新模式为 interim
ignore client-updates;                        //设置忽略客户端的更新
allow booting;                                //设置响应使用者查询
allow bootp;                                  //设置响应激活查询
default-lease-time 129600;                    //设置默认租赁时间
max-lease-time 259200;                        //设置最大租赁时间

class "pxeclients" {
    match if substring(option vendor-class-identifier,0,9)="PXEClient";
    //匹配客户机发送来的请求，含有字符串 0-9 共 10 个字符是 PXEClient 才响应请求
    filename          "pxelinux.0";           //指定客户端所需要的 bootstrap（引导器）文件名
    next-server       192.168.1.2;            //指定 TFTP 服务器的 IP 地址
}

shared-network Linux {
    subnet 192.168.1.0 netmask 255.255.255.0 {  //声明以下的配置是 192.168.1.0 网段的相关设置
        option routers                  192.168.1.1;   //指定客户端的网关地址
        option domain-name-servers      192.168.1.254; //指定客户端的域名服务器的地址
        pool {
            allow members of "pxeclients";  //允许 pxeclients 成员获取以下定义范围的 IP 地址
            range 192.168.1.240 192.168.1.253;
        }
        pool {
            deny members of "pxeclients";   //不允许 pxeclients 成员获取以下定义范围的 IP 地址
            range 192.168.1.3 192.168.1.239;
        }
    }
    subnet 192.168.2.0 netmask 255.255.255.0 {
        option routers                  192.168.2.1;   //指定客户端的网关地址
        option domain-name-servers      192.168.1.254; //指定客户端的域名服务器的地址
```

```
            pool {
                    allow members of "pxeclients";  //允许 pxeclients 成员获取以下定义范围的 IP 地址
                    range 192.168.2.240 192.168.2.254;
            }
            pool {
                    deny members of "pxeclients";    //不允许 pxeclients 成员获取以下定义范围的 IP 地址
                    range 192.168.2.3 192.168.2.239;
            }
    }
    subnet 192.168.3.0 netmask 255.255.255.0 {
            option routers                  192.168.3.1;    //指定客户端的网关地址
            option domain-name-servers      192.168.1.254;  //指定客户端的域名服务器的地址
            pool {
                    allow members of "pxeclients";  //允许 pxeclients 成员获取以下定义范围的 IP 地址
                    range 192.168.3.240 192.168.3.254;
            }
            pool {
                    deny members of "pxeclients";    //不允许 pxeclients 成员获取以下定义范围的 IP 地址
                    range 192.168.3.3 192.168.3.239;
            }
    }
```

第八章　DNS 服务器的安装与配置

一、实训目的

了解 DNS 服务的工作原理；熟悉 DNS 的配置文件；掌握 DNS 的各种配置。

二、工作原理

DNS 是计算机域名系统（Domain Name System）的缩写，它是由解析器以及域名服务器组成的。域名服务器是指保存有该网络中所有主机的域名和对应的 IP 地址，并具有将域名转换为 IP 地址的功能，同时可以将 IP 地址转换为域名功能的服务器。

1. 域名的相关概念

（1）域名。

域名是 Internet 网络上的一个服务器或一个网络系统的名字，在全世界，没有重复的域名。域名的形式是以若干个英文字母和数字组成，由"."分隔成几部分，如 abc.com 就是一个域名。从社会科学的角度看，域名已成为了 Internet 文化的组成部分。从商界的角度看，域名已被誉为"企业的网上商标"。

（2）域名的层次。

域名分为顶层（TOP-LEVEL）、第二层（SECOND-LEVEL）、子域（SUB-DOMAIN）等。顶层分为几种类型，分别是：.COM 商业性的机构或公司；.ORG 非盈利的组织、团体；.GOV 政府部门；.MIL 军事部门.NET 从事 Internet 相关的网络服务的机构或公司；.EDU 教育部门；.XX 由两个字母组成的国家代码，如中国为.CN，日本为.JP，英国为.UK 等。一般来说大型的或有国际业务的公司或机构不使用国家代码。不带国家代码的域名也叫国际域名。这种情况下，域名的第二层就是代表一个机构或公司的特征部分，如 IBM.COM 中的 IBM。对于具有国家代码的域名，代表一个机构或公司的特征部分则是第三层，如 ABC.COM.JP 中的 ABC。

（3）域名与网址的区别。

一个完整的网址范例如下：http://www.abc.com，对应于这个网站的域名则是 abc.com，人们建立一个提供 WWW 信息的主机后以域名来为其命名。此时，这台主机的名字称为 www.。当访问者要访问这台主机时，浏览器会以指定的 http 协议向主机发出数据请求。为此，人们描述一个完整的网址时都会加上前缀 http://。

（4）DNS 与域名解析。

DNS 是指域名服务器（Domain Name Server）。在 Internet 上域名与 IP 地址之间是对应的，域名虽然便于人们记忆，但机器之间只能互相认识 IP 地址，它们之间的转换工作称为域名解析，域名解析需要由专门的域名解析服务器来完成，DNS 就是进行域名解析的服务器。域名解析就是域名到 IP 地址的转换过程。IP 地址是网路上标识您站点的数字地址，为了简单好记，采用域名来代替 IP 地址标识站点地址。域名的解析工作由 DNS 服务器完成。

2. 两种 DNS 的查询模式

两种 DNS 的查询模式如下：

（1）递归式（Recursive）：DNS 客户端向 DNS Server 的查询模式，这种方式是客户端向 DNS 服务器发出请求，如果 DNS 服务器无法解析，DNS 服务器再向它的 DNS 服务器发出查询请求，如此循环，直到获得解析结果并将结果转交客户端。

（2）交互式（Interactive）：DNS Server 间的查询模式，由 Client 向 DNS Server 发出查询请求，如果 DNS Server 不能解析，则将它的上一级 DNS Server 的 IP 地址告诉 Client，如此循环，直到 Client 获得解析结果。

DNS 分为 Client 和 Server，Client 扮演发问的角色，也就是问 Server 一个域名或 IP 地址，而 Server 必须要回答此域名对应的 IP 地址或 IP 地址对应的域名。而本地的 DNS 先会查自己的资料库。如果自己的资料库没有，则会往该 DNS 上所设的 DNS 询问，得到答案之后将收到的答案存起来，并回答客户。

在每一个名称服务器中都有一个缓存区（Cache），这个缓存区的主要目的是将该名称服务器所查询出来的名称及相对的 IP 地址记录到缓存区中，这样当下一次还有另外一个客户端到此服务器上去查询相同的名称时，服务器就不用在到别台主机上去寻找，而直接可以从缓存区中找到该笔名称记录资料，传回给客户端，加速客户端对名称查询的速度。

三、软件安装

下面介绍软件的作用：bind 软件是 DNS 的主要文件，它依赖于 portreserve、bind-libs 两个软件包。bind-chroot 的作用是提高 DNS 的安全，将 bind 的根目录修改为/var/named/chroot/，所以配置文件的所有根目录都是/var/named/chroot/。这样做的目的是为了提高安全性。因为在 chroot 的模式下，bind 可以访问的范围仅限于/var/named/chroot/子目录的范围里，无法进一步提升进入到系统的其他目录中。

DNS 服务器软件的安装步骤如下：

[root@localhost ~]# yum install bind bind-utils bind-chroot

四、配置语法

1. 主配置文件

主配置文件/var/named/chroot/etc/named.conf 常见语法如下：

（1）options 语句。

```
options {
[ directory path_name; ]
[ dump-file path_name; ]
[ forward ( only | first ); ]
[ forwarders { ip_addr [port ip_port] ; [ ip_addr [port ip_port] ; ... ] }; ]
[ allow-query { address_match_list }; ]
[ listen-on [ port ip_port ] { address_match_list }; ]
……
}
```

options 的参数说明如下：

directory

说明：服务器的工作目录。配置文件中所有使用的相对路径，指的都是在用户配置的目录下。如果没有设定目录，工作目录默认设置为服务器启动时的目录"."。指定的目录应该是一个绝对路径。

dump-file

说明：当执行 rndc dumpdb 命令时，服务器存放数据库文件的路径名。如果没有指定，默认名字是 named_dump.db。

forward

说明：此选项只有当 forwarders 列表中有内容的时候才有意义。当值是 First，默认情况下，使服务器先查询设置的 forwarders，如果它没有得到回答，服务器就会自己寻找答案。如果设定的是 only，服务器就只会把请求转发到其他服务器上去。

forwarders

说明：设定转发使用的 IP 地址。默认的列表是空的。转发也可以设置在每个域上，这样全局选项中的转发设置就不会起作用了。

allow-query

说明：设定哪些主机可以进行普通的查询。allow-query 也能在 zone 语句中设定，这样全局 options 中的 allow-query 选项在这里就不起作用了。默认的是允许所有主机进行查询。

listen-on

说明：listen-on 设置接口和端口。listen-on 使用可选的端口和一个地址匹配列表（address_match_list）。服务器将会监听所有匹配地址列表中所允许的端口。如果没有设定端口，就使用默认的 53。

（2）view 语句。

view view_name [class] {

match-clients { address_match_list } ;

[view_option; ...]

[zone_statement; ...]

[include   filename;]

};

view

说明：视图允许名称服务器根据询问者的不同有区别地回答 DNS 查询。特别是当运行拆分 DNS 设置而不需要运行多个服务器时特别有用。每个视图定义了一个将会在用户的子集中见到的 DNS 名称空间。

view 的参数说明如下：

match-clients

说明：根据用户的源地址匹配。

view_option

说明：在 options 中的大部分语句都可以在此使用，此处 options 的值优先使用。

zone_statement

说明：zone_statement 是创建 zone 的语句，见后面详解。
include
说明：include 语句通过允许对配置文件的读或写，来简化对配置文件的管理。
（3）zone 语句。
zone zone_name [class] [{
type (master | slave | hint | stub | forward) ;
[file string ;]
}];
zone
说明：创建一个区域，名称为 zone_name。
zone 的参数说明如下：
type
说明：设置域文件类型。参数说明如下：
master：服务器有一个主域的配置文件拷贝，能够为之提供授权解析服务。
slave：辅域是主域的复制。
hint：根名称服务器在最初设置时指定使用一个"hint zone"。
stub：子根域与辅域类似，子域只复制主域的 NS 记录而不是整个域。
forward：转发域是在每个域基础上进行配置转发的一种方式。
file：设置区域数据文件。
2. 区域数据文件
DNS 资源记录格式：
[name] [TTL] addr-class record-type record-specific-data
name：资源记录引用的域对象名，可以是主机名或整个域。取值如下：
"."：代表根域。
"@"：默认域。
"标准域名"：以"."结束的域名或者是一个相对域名。
为空：该记录适用于最后一个带有名字的对象。
TTL：指定该数据在数据库中保管多长时间，此栏为空表示默认的生存周期在授权资源记录开始中指定。
addr-class：地址类，大范围用于 Internet 地址和其他信息的地址类为 IN。
record-type：记录类型，常为 A、NS、MX、NAME、PTR、SOA。
record-specific-data：记录类型的数据。

五、实例配置

要求：已知有一个域 test.cq.cn 和网段 192.168.7.0/24，该网段中有提供 DNS、WWW、MAIL、FTP 等服务，其中 DNS 的 IP 地址为 192.168.7.254，WWW 服务器的 IP 地址为 192.168.7.253，MAIL 服务器的 IP 地址为 192.168.7.252，FTP 服务器的 IP 地址为 192.168.7.251。DNS 查询使用递归的方式；创建 3 个视图，分别为：localhost_resolver、internal、external，其中视图 localhost_resolver 只为本地主机提供域名解析，视图 internal 只为 192.168.7.0/24 网段（除

DNS 之外）的主机提供域名解析，视图 external 只对广域网主机进行域名解析；网段 192.168.7.0/24 的域名能对所有主机提供解析。

1. 配置文件

将/etc/下的 named.rfc1912.zones 拷贝到/var/named/chroot/etc/目录下，将/var/named/下的 named.ca、named.localhost 和 named.loopback 拷贝到/var/named/chroot/var/named/目录下，命令如下：

```
[root@mail etc]cp   /etc/named.conf   /var/named/chroot/etc/
[root@mail etc]cp   /etc/named.rfc1912.zones   /var/named/chroot/etc/
[root@mail etc]cp   /var/named/named.ca   /var/named/chroot/var/named/
[root@mail etc]cp   /var/named/named.lo*   /var/named/chroot/var/named/
```

主配置文件/var/named/chroot/etc/named.conf 内容如下：

```
[root@mail etc]# more /var/named/chroot/etc/named.conf
options
{
        directory              "/var/named";           //服务器的工作目录
        dump-file              "data/cache_dump.db";   //当执行 rndc dumpdb 命令时，服务器存放
                                                       数据库文件的路径名
        statistics-file        "data/named_stats.txt"; //DNS 统计数据写入的文件
        memstatistics-file     "data/named_mem_stats.txt";   //DNS 服务器输出的内存使用统计
                                                              文件路径
        listen-on port 53      { any; };               //设置侦听本机所有接口的端口为 53 的端口
        allow-query            { any; };               //允许所有主机查询
        allow-query-cache      { any; };               //允许所有主机查询 cache
        recursion yes;                                 //设置使用递归查询方式
};
logging                                                //指定服务器日志记录的内容和日志信息来源
{
        channel default_debug {
                file "data/named.run";
                severity dynamic;
        };
};
view "localhost_resolver"   //定义视图 localhost_resolver
{
        match-clients          { localhost; };   //只响应本机的解析
        recursion yes;
        zone "." IN {                            //定义根区域
                type hint;
                file "/var/named/named.ca";
        };
        zone "test.cq.cn" IN {                   //定义 test.cq.cn 正向区域解析声明
                type master;
                file "test.cq.cn.db";            //指定 test.cq.cn 区域正向解析文件
        };
        zone "7.168.192.in-addr.arpa" IN {       //定义 test.cq.cn 反向区域解析声明
                type master;
```

```
                file "192.168.7";              //指定test.cq.cn区域反向解析文件
        };
        include "/etc/named.rfc1912.zones";    //包含/etc/named.rfc1912.zones文件
};
view "internal"          //定义视图internal，以下的解析只针对内网
{
        match-clients           { localnets; };        //只响应本地网络的解析
        recursion yes;
        zone "." IN {
                type hint;
                file "/var/named/named.ca";
        };

        include "/etc/named.rfc1912.zones";
        zone "test.cq.cn" IN {
                type master;
                file "test.cq.cn.db";
        };
        zone "7.168.192.in-addr.arpa" IN {
                type master;
                file "192.168.7";
        };
};
key ddns_key            //定义授权的安全密钥
{
        algorithm hmac-md5;
        secret "7PDqdwv4enAdjxNJRzOY2Q==";
//上面一行的双引号中的内容需要修改，详细步骤见后面启动服务
};
view "external"          //定义视图external
{
        match-clients             { any; }; //响应所有网络的解析

        zone "." IN {
                type hint;
                file "/var/named/named.ca";
        };
        recursion yes;
        zone "test.cq.cn" IN {
                type master;
                file "test.cq.cn.db";
        };
        zone "7.168.192.in-addr.arpa" IN {
                type master;
                file "192.168.7";
        };
};
```

正向解析区域文件/var/named/chroot/var/named/test.cq.cn.db 内容如下：

```
$TTL 38400          //定义默认的 TTL
@         IN SOA   dns.test.cq.cn.   test.cq.cn. (      //设置起始授权记录
                                     0         ; serial
                                     1D        ; refresh
                                     1H        ; retry
                                     1W        ; expire
                                     3H )      ; minimum
              IN      NS     dns.test.cq.cn.          //设置域名服务记录
              IN      A      192.168.7.254
dns           IN      A      192.168.7.254
www           IN      A      192.168.7.253
mail          IN      A      192.168.7.252
ftp           IN      A      192.168.7.251
test.cq.cn.   IN MX   5      mail.test.cq.cn.         //设置邮件交换记录
```

反向解析区域文件/var/named/chroot/var/named/192.168.7 内容如下：

```
$TTL 1D
@         IN SOA   dns.test.cq.cn.   test.cq.cn. (
                                     0         ; serial
                                     1D        ; refresh
                                     1H        ; retry
                                     1W        ; expire
                                     3H )      ; minimum
              IN      NS     dns.test.cq.cn.
254           IN      PTR    dns.test.cq.cn.
253           IN      PTR    www.test.cq.cn.
252           IN      PTR    mail.test.cq.cn.
251           IN      PTR    ftp.test.cq.cn.
```

配置文件修改完成之后，需要设置文件的拥有者与拥有组，使用下面的命令：

　　[root@mail etc]# chown root:named /var/named/chroot/etc/*
　　[root@mail etc]# chown root:named /var/named/chroot/var/named/*

2. 设置防火墙

设置 DNS 服务器的防火墙允许 DNS 服务器的 TCP 和 UDP 协议的 53 建立连接，在 /etc/sysconfig/iptables 文件中 "-A INPUT -m state --state NEW -m tcp -p tcp --dport 22 -j ACCEPT" 之前增加下面的两行内容，然后用 "service iptables restart" 命令重新启动防火墙。

　　-A INPUT   -p udp --dport 53 -j ACCEPT
　　-A INPUT   -m state --state NEW -m tcp   -p tcp --dport 53 -j ACCEPT

3. 启动服务

启动 named 服务的命令如下：

　　[root@mail etc]# service named start

设置开机启动 named 服务的命令如下：

　　[root@mail etc]#chkconfig --level 345   named   on

停止 named 服务的命令如下：

　　[root@mail etc]# service named stop

重启 named 服务的命令如下：

```
[root@mail etc]# service named restart
```

4. 测试

在 Windows 系统中，打开 DOS 窗口进行测试，测试结果如下：

```
C:\Documents and Settings\Administrator>nslookup
Default Server:  google-public-dns-a.google.com
Address:  8.8.8.8
> server 192.168.7.254
Default Server:  [192.168.7.254]
Address:  192.168.7.254
> mail.test.cq.cn
Server:  [192.168.7.254]
Address:  192.168.7.254

Name:   mail.wujix.cq.cn
Address:  192.168.7.252
```

如果测试邮件交换记录，可以用下面的命令：

```
> set type=MX
    > mail.test.cq.cn
    Server:  [192.168.7.254]
    Address:  192.168.7.254
    test.cq.cn
            primary name server = dns.test.cq.cn
            responsible mail addr = test.cq.cn
            serial = 2013061901
            refresh = 10800 (3 hours)
            retry = 3600 (1 hour)
            expire = 604800 (7 days)
            default TTL = 38400 (10 hours 40 mins)
```

IP 地址解析域名，命令如下：

```
> set type=PTR
> 192.168.7.251
Server:  [192.168.7.254]
Address:  192.168.7.254
250.7.168.192.in-addr.arpa      name = ftp.test.cq.cn.
dns.test.cq.cn internet address = 192.168.7.254
```

六、应用案例实训

要求：已知有两个域 test1.cq.cn 和 test2.cq.cn，test1.cq.cn 域对应的网段 202.202.1.0/28，该网段中有提供，WWW、MAIL、FTP 等 Internet 服务，其中 DNS 的 IP 地址为 202.202.1.2，WWW 服务器的 IP 地址为 202.202.1.3，MAIL 服务器的 IP 地址为 202.202.1.4，FTP 服务器的 IP 地址为 202.202.1.5。test2.cq.cn 是为内网的提供域服务，不对 Internet 的用户提供解析，网段为 192.168.1.0/24，主机名有：user1、user2、user3、user4、user5、user6、user7、user8、user9 和 user10。DNS 查询使用递归的方式。

将/etc/下的 named.conf、named.rfc1912.zones 拷贝到/var/named/chroot/etc/目录下，将/var/named/下的 named.ca、named.localhost 和 named.loopback 拷贝到/var/named/chroot/var/named/目录下，命令如下：

```
[root@mail etc]cp   /etc/named.conf        /var/named/chroot/etc/
[root@mail etc]cp   /etc/named.rfc1912.zones   /var/named/chroot/etc/
[root@mail etc]cp   /var/named/named.ca    /var/named/chroot/var/named/
[root@mail etc]cp   /var/named/named.lo*   /var/named/chroot/var/named/
```

主配置文件/var/named/chroot/etc/named.conf 内容如下：

```
[root@mail etc]# more /var/named/chroot/etc/named.conf
options
{
        directory              "/var/named";
        dump-file              "data/cache_dump.db";
        statistics-file        "data/named_stats.txt";
        memstatistics-file     "data/named_mem_stats.txt";
        listen-on port 53      { any; };
        allow-query            { any; };
        allow-query-cache      { any; };
        recursion yes;
};
logging
{
        channel default_debug {
                file "data/named.run";
                severity dynamic;
        };
};
view "localhost_resolver"
{
        match-clients          { localhost; };
        recursion yes;
        zone "." IN {
                type hint;
                file "/var/named/named.ca";
        };
        include "/etc/named.rfc1912.zones";
};
view "internal"
{
        match-clients          { localnets; };
        recursion yes;
        zone "." IN {
                type hint;
                file "/var/named/named.ca";
        };
```

```
            include "/etc/named.rfc1912.zones";
            zone "test2.cq.cn" IN {
                    type master;
                    file "test2.cq.cn.db";
            };
            zone "1.168.192.in-addr.arpa" IN {
                    type master;
                    file "192.168";
            };
    };
    key ddns_key
    {
            algorithm hmac-md5;
            secret "7PDqdwv4enAdjxNJRzOY2Q==";
    };
    view "external"
    {
            match-clients       { any; };

            zone "." IN {
                    type hint;
                    file "/var/named/named.ca";
            };
            recursion yes;
            zone "test1.cq.cn" IN {
                    type master;
                    file "test1.cq.cn.db";
            };
            zone "1.202.202.in-addr.arpa" IN {
                    type master;
                    file "202.202.1";
            };
    };
```

正向解析区域文件/var/named/chroot/var/named/test1.cq.cn.db 内容如下：

```
$TTL 38400
@       IN SOA  dns.test1.cq.cn.  test1.cq.cn. (
                                        0         ; serial
                                        1D        ; refresh
                                        1H        ; retry
                                        1W        ; expire
                                        3H )      ; minimum

        IN      NS      dns.test1.cq.cn.
        IN A    202.202.1.2
dns     IN A    202.202.1.2
www     IN A    202.202.1.3
mail    IN A    202.202.1.4
```

```
ftp        IN A      202.202.1.5
test1.cq.cn.    IN MX    5   mail.test1.cq.cn.
```

正向解析区域文件/var/named/chroot/var/named/test2.cq.cn.db 内容如下：

```
$TTL 38400
@           IN SOA    dns.test2.cq.cn.   test2.cq.cn. (
                                0         ; serial
                                1D        ; refresh
                                1H        ; retry
                                1W        ; expire
                                3H )      ; minimum
            IN        NS        dns.test2.cq.cn.
user1       IN A      192.168.1.1
user2       IN A      192.168.1.2
user3       IN A      192.168.1.3
user4       IN A      192.168.1.4
user5       IN A      192.168.1.5
user6       IN A      192.168.1.6
user7       IN A      192.168.1.7
user8       IN A      192.168.1.8
user9       IN A      192.168.1.9
user10      IN A      192.168.1.10
```

反向解析区域文件/var/named/chroot/var/named/202.202.1 内容如下：

```
$TTL 1D
@           IN SOA    dns.test1.cq.cn.   test1.cq.cn. (
                                0         ; serial
                                1D        ; refresh
                                1H        ; retry
                                1W        ; expire
                                3H )      ; minimum
            IN        NS        dns.test1.cq.cn.
2           IN        PTR       dns.test1.cq.cn.
3           IN        PTR       www.test1.cq.cn.
4           IN        PTR       mail.test1.cq.cn.
5           IN        PTR       ftp.test1.cq.cn.
```

反向解析区域文件/var/named/chroot/var/named/192.168.1 内容如下：

```
$TTL 1D
@           IN SOA    dns.test2.cq.cn.   test2.cq.cn. (
                                0         ; serial
                                1D        ; refresh
                                1H        ; retry
                                1W        ; expire
                                3H )      ; minimum
            IN        NS        dns.test2.cq.cn.
1           IN        PTR       user1.test2.cq.cn.
2           IN        PTR       user2.test2.cq.cn.
3           IN        PTR       user3.test2.cq.cn.
```

```
4    IN    PTR    user4.test2.cq.cn.
5    IN    PTR    user5.test2.cq.cn.
6    IN    PTR    user6.test2.cq.cn.
7    IN    PTR    user7.test2.cq.cn.
8    IN    PTR    user8.test2.cq.cn.
9    IN    PTR    user9.test2.cq.cn.
10   IN    PTR    user10.test2.cq.cn.
```

第九章　Web 服务器的安装与配置

一、实训目的

了解 Web 服务的工作原理；熟悉 Web 服务的配置文件；掌握 Web 服务的各种配置。

二、工作原理

1. WWW 简介

WWW 是 World Wide Web 的缩写，中文称为"万维网"，简称为 Web，分为 Web 客户端和 Web 服务器程序。WWW 可以让 Web 客户端访问浏览 Web 服务器上的页面。WWW 提供丰富的文本、图形、音频和视频等多媒体信息，将这些内容集合在一起，并提供导航功能，使得用户可以方便地在各个页面之间进行浏览。由于 WWW 内容丰富，浏览方便，目前已经成为互联网最重要的服务。

WWW 是一个基于超文本方式的信息检索服务工具。这种把全球范围内的信息组织在一起的超文本方法，不是采用自上而下的树状结构，也不是按图书资料管理中的编目结构，而是采用指针链接的超网状结构。超文本结构通过指针连接方式，可以使任何地方之间的信息产生联系，这种联系可以是直接的或间接的，也可以是单向的或双向的。所以检索数据时非常灵活，通过指针从一处信息资源迅速跳到本地或异地的另一处信息资源。不仅如此，信息的重新组织也非常方便，包括随意增加数据或删除、归并已有数据。

HTTP 协议（HyperText Transfer Protocol，简称超文本传输协议）适用于从 WWW 服务器传输超文本到客户端浏览器的传送协议。它可以使浏览器更加高效，使网络传输减少。它不仅保证计算机正确快速地传输超文本文档，还确定传输文档中的哪一部分，以及哪部分内容首先显示等。

HTTP 是一个应用层协议，由请求和响应构成，是一个标准的客户端服务器模型，是一个无状态的协议。

HTTP 协议的主要特点如下：

- 支持客户/服务器模式。
- 简单快速：客户向服务器请求服务时，只需传送请求方法和路径。请求方法常用的有 GET、HEAD、POST。每种方法规定了客户与服务器联系的类型不同。由于 HTTP 协议简单，使得 HTTP 服务器的程序规模小，因而通信速度很快。
- 灵活：HTTP 允许传输任意类型的数据对象。正在传输的类型由 Content-Type 加以标记。
- 无连接：无连接的含义是限制每次连接只处理一个请求。服务器处理完客户的请求，并收到客户的应答后，即断开连接。采用这种方式可以节省传输时间。
- 无状态：HTTP 协议是无状态协议。无状态是指协议对于事务处理没有记忆能力。缺少状态意味着如果后续处理需要前面的信息，则它必须重传，这样可能导致每次连接传送的数据量增大。

2. WWW 工作原理

Web 服务器工作过程一般可分成 4 个步骤：连接过程、请求过程、应答过程以及关闭连接。

连接过程就是 Web 服务器和其浏览器之间所建立起来的一种连接。查看连接过程是否实现，用户可以找到和打开 Socket 这个虚拟文件，这个文件的建立意味着连接过程这一步骤已经成功建立。

请求过程就是客户端的浏览器运用 Socket 这个文件向其服务器提出各种请求。

应答过程就是运用 HTTP 协议把在请求过程中所提出来的请求传输到客户端的服务器，进而实施任务处理，然后运用 HTTP 协议把任务处理的结果传输到客户端的浏览器，同时在客户端的浏览器上面展示上述所请求的界面。

关闭连接就是当应答过程完成以后，Web 服务器和其浏览器之间断开连接的过程。

3. Apache 简介

Apache 是 Apache 软件基金会的一个开放源码的网页服务器，可以在大多数计算机操作系统中运行，由于其多平台和安全性被广泛使用，是最流行的 Web 服务器端软件之一。它快速、可靠并且可通过简单的 API 扩展，将 Perl/Python 等解释器编译到服务器中。

Apache Web 服务器软件拥有以下特性：

- 支持 HTTP 通信协议。
- 拥有简单而强有力的基于文件的配置过程。
- 支持通用网关接口。
- 支持基于 IP 和基于域名的虚拟主机。
- 支持多种方式的 HTTP 认证。
- 集成 Perl 处理模块。
- 集成代理服务器模块。
- 支持实时监视服务器状态和定制服务器日志。
- 支持服务器端包含指令（SSI）。
- 支持安全 Socket 层（SSL）。
- 提供用户会话过程的跟踪。
- 支持 FastCGI。
- 通过第三方模块可以支持 Java Servlets。

三、软件安装

下面介绍软件的作用 Apache 软件是 WWW 的主要文件，它依赖于 apr、apr-util、apr-util-ldap、httpd-tools 和 mailcap 五个软件包。httpd-devel 的作用 httpd 的一些开发包，在安装一些源代码软件的时候是必须的。

Apache 软件的安装步骤如下：

[root@mail ~]# yum install httpd

四、配置语法

1. 全局环境变量

ServerType   {standalone|inetd}

说明：设置服务器的类型。standalone 是指启动一次来接听所有的连线；而 inetd 是指接到 http 的连线要求才启动，随着连线的结束而结束。

ServerRoot "/etc/httpd"
说明：Apache 服务器的配置文件目录。

PidFile /etc/httpd/logs/httpd.pid
说明：此文件记录着 Apache 的父进程 id。

Timeout 300
说明：设置超时的时间。如果用户端超过 300 秒还没连上 Server，或 Server 超过 300 秒还没传送信息给用户端，即断线。

KeepAlive On
说明：允许用户端的持续有多个请求，设为 Off 表示不允许。

MaxKeepAliveRequests 100
说明：每次持续请求最大的请求数目。

MinSpareServer 5
说明：设置最小闲置的 httpd 线程的数目。

MaxSpareServers 10
说明：设置最大闲置的 httpd 线程的数目。

StartServers 5
说明：启动时创建 httpd 进程的数目。

MaxClients 150
说明：限制同时间最大的连线数目。

MaxRequestPerChild 0
说明：限制子处理程序结果前的要求数目。

Listen 端口号
说明：设置侦听端口。

Listen IP 地址:端口号
说明：设置 IP 地址与侦听端口。

BindAddress IP 地址或域名
说明：设置侦听指定的 IP 地址或是域名。

LoadModule foo_module libexec/mod_foo.so
说明：加载 DSO 模块。

User nobody
说明：执行 httpd 的用户。

Group nobody
说明：执行 httpd 的群组。

2. 主服务器配置

ServerAdmin 电子邮箱地址
说明：设置管理员的电子邮件地址。

ServerName 域名或 IP 地址

说明：设置主机域名或 IP 地址。

DocumentRoot "usr/local/httpd/htdocs"

说明：设置 Apache 放置网页的目录。

Options FollowSymLinks

说明：设置允许连接文件。

AllowOverride none

说明：设置用户放置网页的目录（public_html）的执行动作。

UserDir public_html

说明：设置用户个人目录存放网页文件。

DirectoryIndex index.html

说明：设置预设主页的文件名。

AccessFileName .htaccess

说明：设置控制存取的文件名称。

Order allow,deny

说明：设置文件访问规则的顺序，此设置是先允许后丢弃。

Deny from all

说明：设置丢弃访问规则，此设置是丢弃所有的访问。

ErrorLog /usr/local/httpd/logs/error_log

说明：设置发生错误的记录文件位置。

LogLevel warn

说明：设置日志级别。

LogFormat "%h %l %u %t\"%r\"%>s %b\"{Referer}i\"\"${UserAgent}i\""combined

LogFormat "%h %l %u %t"%r\"%>s %b"commom

LogFormat "%{Referer}i->%U"referer

LogFormat "%{User-agent}i"agent

说明：设置 combined、common、referer、agent 四种日志格式。

CustomLog /usr/local/httpd/logs/access_log common

说明：设置存取的日志文件和使用的格式。

ServerSignature On

说明：设置为 On 时，出错时在 Server 所产生的网页上，会有 Apache 的版本、主机、连接端口的一行信息；如果设为 Off 则没有相关信息。

Alias /icons/ "/usr/local/httpd/icons/"

说明：设置别名。

ScriptAlias /cgi-bin/ "/usr/local/httpd/cgi-bin/"

说明：设置 CGI 目录的别名。

IndexOptions FancyIndexing

说明：设置自动生成目录列表的显示方式。

AddIconByEncoding(CMP,/icons/compressed.gif)x-conpress x-gzip

AddIcon /icons/blank.gif ^ ^ BLANKICON ^ ^ DefaultIcon/icons/unknow.gif

……

说明：设置在显示文件清单时，各种文件类型的对应图形。

AddDefaultCharset

说明：设置默认字符集。

AddType application/x-tar .tgz

说明：添加新的 MIME 类型。

</Directory 目录>

……

</Directory>

说明：设置目录权限。

<Files 文件名>

……

</Files>

说明：设置文件权限。

3．虚拟主机配置

NameVirtualHost *:80

说明：设置虚拟主机的 IP 地址与端口。

<VirtualHost *:80>

……

</VirtualHost>

说明：设置虚拟主机。

五、实例配置

要求：建立一个服务器的 IP 地址为 192.168.7.250，主目录为/var/www/html/，访问/var/www/html/admin/目录要求用户认证；建立一个基于 IP 地址虚拟服务器，IP 地址为 192.168.7.251，虚拟服务器的主目录为/var/www/virtual/；建立一个基于域名虚拟服务器，域名为 www.test1.cq.cn，IP 地址为 192.168.7.251，虚拟服务器的主目录为/var/www/virtual2/。所有服务器的端口都是 80 端口。

1. 创建目录

首先创建相关目录，/var/www/html/目录已经存在，不用创建，剩下的目录创建命令如下：

[root@mail /]#mkdir   /var/www/html/admin
[root@mail /]#mkdir   /var/www/virtual
[root@mail /]#mkdir   /var/www/virtual2

2. 设置网卡子接口 IP 地址

[root@mail /]#ifconfig   eth0:0 192.168.7.251 netmask 255.255.255.0
[root@mail /]#ifconfig   eth0:1 192.168.7.251 netmask 255.255.255.0

注：上面的设置在主机重启就会丢失，为了开机能够自动设置，可以将上面的两条命令写入/etc/rc.local 文件中。

3. 配置文件

下面的配置文件内容非常多，只列出修改或增加的部分。其他的配置内容都是默认配置。

#下面两行是监听IP地址与端口
Listen 192.168.7.250:80
Listen 192.168.7.251:80
##下面的黑体部分为对/var/www/html/admin目录登录要求认证
<Directory /var/www/html/admin>
    Options FollowSymLinks
    AllowOverride authconfig
    order allow,deny
    allow from all
    AuthType Basic
    AuthName "Restricted Files"
    AuthUserFile /etc/httpd/conf/cpassword.txt
    Require valid-user
</Directory>
DefaultLanguage zh-CN   #修改默认语言
NameVirtualHost 192.168.7.252:80   #设置基于域名虚拟主机的IP地址与端口
#下面的虚拟主机是基于IP地址的虚拟主机
<VirtualHost 192.168.7.251:80>
    ServerAdmin webmaster@dummy-host.example.com
    DocumentRoot /var/www/virtual2
    ServerName www1.wujix.cq.cn
    ErrorLog logs/dummy-host.example.com-error_log
    CustomLog logs/dummy-host.example.com-access_log common
</VirtualHost>
#下面的虚拟主机是基于域名的虚拟主机，要与上面的NameVirtualHost配合使用
<VirtualHost 192.168.7.251:80>
    ServerAdmin webmaster@www.wujix.cq.cn
    DocumentRoot /var/www/virtual/
    ServerName www.wujix.cq.cn
    ErrorLog logs/dummy-host.example.com-error_log
    CustomLog logs/dummy-host.example.com-access_log common
</VirtualHost>

注：客户端与服务器都能够对 www.wujix.cq.cn 进行解析，并且解析的IP地址为192.168.7.251。

4. 增加认证用户与密码

使用 htpasswd 命令增加认证用户和设置用户密码。增加用户 test 命令如下：

[root@mail /]# htpasswd -b -c -m /etc/httpd/conf/cpassword.txt test 123456
Adding password for user test

说明：-b 是在命令行输入密码代替提示输入密码。
　　　-c 创建一个新文件，如果已经存在就覆盖它。
　　　-m md5 的加密方法。

5. 设置防火墙

设置 Web 服务器的防火墙允许 TCP 协议的 80 端口建立连接，在/etc/sysconfig/iptables 文

件中 "-A INPUT -m state --state NEW -m tcp -p tcp --dport 22 -j ACCEPT" 之前增加下面的一行内容，然后用"service iptables restart"命令重新启动防火墙。

-A INPUT -m state --state NEW -m tcp -p tcp --dport 80 -j ACCEPT

6. 测试

先测试主服务器，测试结果如图 9-1 所示。

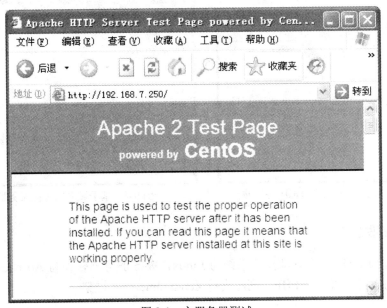

图 9-1　主服务器测试

测试认证目录，测试结果如图 9-2 所示。

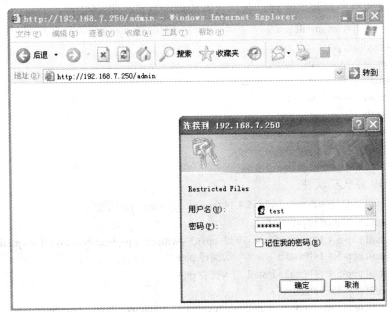

图 9-2　认证目录测试

测试基于 IP 地址的虚拟服务器，测试结果如图 9-3 所示。

测试基于域名的虚拟服务器，测试结果如图 9-4 所示。

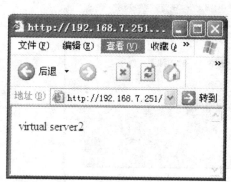

图 9-3　基于 IP 地址的虚拟服务器测试

图 9-4　基于域名的虚拟服务器测试

六、应用案例实训

要求：配置 LAMP 平台，即操作系统为 Linux，Web 服务器软件为 Apache，数据库软件为 MySQL，动态网页语言为 PHP，同时支持 ZendFramework 框架。

1. 软件的安装

首先安装 gcc、make、pam-devel 软件，gcc 是 Linux 操作系统下 C 语言开发环境，make 为其编译工具，gcc、make、httpd-devel、libxml2-devel 和 php-mysql 为编译 PHP 源代码所需要的。在用下面的命令安装软件时，会将它所依赖的软件一并安装。

```
[root@mail /]#yum install gcc
[root@mail /]#yum install make
[root@mail /]#yum install httpd
[root@mail /]#yum install httpd-devel
[root@mail /]#yum install mysql
[root@mail /]#yum install php-mysql
[root@mail /]#yum install libxml2-devel
[root@mail /]#yum install mysql-server
[root@mail /]#yum install mysql-devel
```

2. 安装 PHP 源代码软件

```
[root@mail test1]##tar -zxvf  php-5.4.14.tar.gz    //解压 php 压缩包
[root@mail test1]#cd php-5.4.14
[root@mail php-5.4.14]#./configure --with-apxs2 --with-mysql --with-pdo-mysql   --prefix=/usr
[root@mail php-5.4.14]#make         //编译 php
[root@mail php-5.4.14]#make install    //安装 php
[root@mail php-5.4.14]#cd   ../
[root@mail test1]#tar   -zxvf   ZendFramework-1.11.10.tar.gz   //解压 ZendFramework 压缩包
[root@mail test1]#cp   -r   ZendFramework-1.11.10/library/Zend   /var/www/html
```

3. 创建默认数据库和修改配置文件

  [root@mail test1]#vi /etc/httpd/conf/httpd.conf　　//编辑 apache 配置文件，增加下面两行的内容
  AddType application/x-httpd-php .php .phtml .inc
  AddType application/x-httpd-php-source .phps
  [root@mail test1]#mysql_install_db　　//创建 mysql 默认数据库
  [root@mail test1]#cp　/etc/php.ini　/usr/lib/

4. 修改防火墙与 selinux

设置 Web 服务器的防火墙允许 TCP 协议的 80 端口建立连接，在/etc/sysconfig/iptables 文件中"-A INPUT -m state --state NEW -m tcp -p tcp --dport 22 -j ACCEPT"之前增加下面的一行内容，然后用"service iptables restart"命令重新启动防火墙。

  -A INPUT -m state --state NEW -m tcp -p tcp --dport 80 -j ACCEPT

5. 测试

先测试 PHP 的安装结果，在/var/www/html/目录下创建 phpinfo.php 文件，在文件中加入如下内容，然后保存文件。

  [root@mail test1]#vi /var/www/html/phpinfo.php
  <?php phpinfo(); ?>

打开浏览器，在地址栏输入 http://192.168.7.250/phpinfo.php，192.168.7.250 为服务器的 IP 地址，测试如图 9-5 所示。

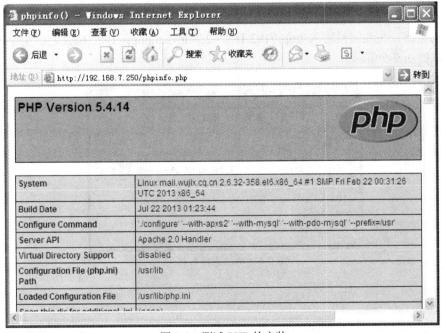

图 9-5　测试 PHP 的安装

在 mysql 数据库服务器中创建 ftpd 数据库，然后在 ftpd 数据库中创建 user 表格，在表格中插入两条记录，接着修改数据库的权限，最后更新数据库的权限。mysql 的配置如下：

  [root@mail ~]#mysql
  mysql>create database ftpd;
  mysql>use ftpd;

```
mysql>create table user(name char(20) binary,passwd char(20) binary);
mysql>insert into user (name,passwd) values ('test1','12345');
mysql>insert into user (name,passwd) values ('test2','54321');
mysql>grant select on ftpd.user to ftp@localhost identified by '123456';
mysql>flush privileges;
```

下面测试 PHP 利用 ZendFramework 框架访问 mysql 数据库的测试，先在/var/www/html/目录下创建文件 mysql.php，文件的内容如下：

```
[root@mail test1]#vi /var/www/html/mysql.php
<?php
require_once 'Zend/Db.php';
$params = array ('host' => 'localhost',
                 'username' => 'ftp',
                 'password' => '123456',
                 'dbname' => 'ftpd');
$db = Zend_Db::factory('PDO_MYSQL', $params);
$sql = $db->quoteInto( 'SELECT * FROM user');
$result = $db->query($sql);
while ($rows = $result->fetch()){
        echo $rows['name']." ".$rows[passwd]."</br>" ;
}
?>
```

打开浏览器，在地址栏输入 http://192.168.7.250/mysql.php，192.168.7.250 为服务器的 IP 地址，测试如图 9-6 所示。

图 9-6　测试连接数据库

第十章 邮件服务器的安装与配置

一、实训目的

了解邮件服务的工作原理和相关协议；熟悉邮件服务的配置文件；掌握邮件服务的各种配置。

二、工作原理与相关协议

1. 相关概念

MUA（Mail User Agent）是用于收发 Mail 的程序，有 Outlook、Foxmail 等软件。

MTA（Mail Transfer Agent）是将来自 MUA 的信件转发给指定用户的程序。

MDA（Mail Delivery Agent）是将 MTA 接收的信件依照信件的流向将该信件放置到本机账户下的邮箱中，当用户从 MUA 中发送一份邮件时，该邮件会被发送到 MTA，而后在一系列 MTA 中转发，直到它到达最终发送目标为止。sendmail、postfix、qmail 和 Exchange 等软件具有 MTA 和 MDA 的功能。

2. 简单邮件传输协议

SMTP（Simple Mail Transfer Protocol）即简单邮件传输协议，它是一组用于由源地址到目的地址传送邮件的规则，由它来控制信件的中转方式。SMTP 协议属于 TCP/IP 协议族，它帮助计算机在发送或中转信件时找到下一个目的地。通过 SMTP 协议所指定的服务器，就可以把 E-mail 寄到收信人的服务器。SMTP 服务器则是遵循 SMTP 协议的发送邮件服务器，用来发送或中转发出的电子邮件。

3. 邮局协议

POP3（Post Office Protocol 3）即邮局协议的第 3 个版本，它是规定个人计算机如何连接到互联网上的邮件服务器进行收发邮件的协议。它是因特网电子邮件的第一个离线协议标准，POP3 协议允许用户从服务器上把邮件存储到本地主机上，同时根据客户端的操作删除或保存在邮件服务器上的邮件，而 POP3 服务器则是遵循 POP3 协议的接收邮件服务器，用来接收电子邮件的。POP3 协议是 TCP/IP 协议族中的一员，使用的端口是 110。

4. 交互式邮件存取协议

IMAP（Internet Mail Access Protocol）即交互式邮件存取协议，它是斯坦福大学在 1986 年研发的一种邮件存取协议。它的主要作用是邮件客户端可以通过这种协议从邮件服务器上获取邮件的信息、下载邮件等。IMAP 协议运行在 TCP/IP 协议之上，使用的端口是 143。它与 POP3 协议的主要区别是用户可以不用把所有的邮件全部下载，可以通过客户端直接对服务器上的邮件进行操作。

5. 邮件系统的工作原理

用户代理接收用户输入的各种命令，将用户的邮件传送至邮件传输代理或者通过 pop3 或 IMAP 协议将邮件从传输代理服务器上读取邮件。邮件传输代理收到用户的邮件通过一系列服务器的转发由发送端送到最终目的地。服务器在一个队列中存储到达的邮件,等待发送到下一个目的地。下一个目的地可以是本地用户,也可以是另一个邮件服务器。

如果下一个目的服务器暂时不可用,MTA 就暂时在队列中保存信件,并在以后尝试发送。当用户发送一封电子邮件时,不能直接将信件发送到对方邮件地址指定的服务器上,而是必须首先试图去寻找一个信件传输代理,把邮件提交给它;信件传输代理得到了邮件后,首先将它保存在自身的缓冲队列中,然后根据邮件的目标地址,信件传输代理程序查询到应对这个目标地址负责的邮件传输代理服务器,并且通过网络将邮件传送给它。对方的服务器接收到邮件之后,将其存储在用户邮箱中,等待用户查看自己的电子信箱。邮件系统的工作原理如图 10-1 所示。

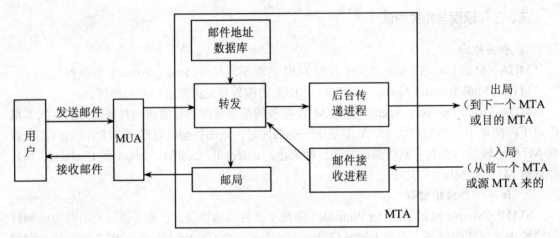

图 10-1　邮件系统的工作原理

三、配置语法

1. sendmail 的配置语法（sendmail.mc）

dnl
说明：在行首出现表示注释。

divert(-1)dnl
说明：用于一段长篇注释的开始。

include('/usr/share/sendmail-cf/m4/cf.m4')dnl
说明：将生成 sendmail.cf 配置文件所需的规则包含进来。

VERSIONID('setup for Red Hat Linux')dnl
说明：指出配置文件是针对 Red Hat Linux。

OSTYPE('linux')dnl
说明：必须设置为 linux 以获得 sendmail 所需文件的正确位置。

dnl define('SMART_HOST','smtp.your.provider')
说明：指定邮件服务器中继。

define('confDEF_USER_ID',"8:12")dnl
说明：指定以 mail 用户和 mail 组的身份运行守护进程。

Define('confTRUSTED_USER', 'SMMSP') dnl

说明：将 smmsp 添加到 sendmail 的可信用户列表中，用户被赋予部分 sendmail 假脱机目录和邮件数据库文件的所有权。

dnl define('confAUTO_REBUILD')dnl

说明：sendmail 将自动重建别名数据库。

define('confTO_CONNECT', '1m')dnl

说明：将 sendmail 等待初始连接完成的时间设置为 1 分钟。

define('confTRY_NULL_MX_LIST',true)dnl

说明：设为 true，如果接收服务器是一台主机最佳的 MX，试着直接连接那台主机。

define('confDONT_PROBE_INTERFACES',true)dnl

说明：设为 true，sendmail 守护进程将不会把本地网络接口插入到已知等效地址列表中。

define('PROCMAIL_MAILER_PATH','/usr/bin/procmail')dnl

说明：设置分发接收邮件的程序（默认是 procmail）。

define('ALIAS_FILE', '/etc/aliases')dnl

说明：设置分发接收邮件的邮件别名数据库。

dnl define('STATUS_FILE', '/etc/mail/statistics')dnl

说明：设置分发接收邮件的邮件统计文件的位置。

define('UUCP_MAILER_MAX', '2000000')dnl

说明：设置 UUCP 邮件程序接收的最大信息。

define('confUSERDB_SPEC', '/etc/mail/userdb.db')dnl

说明：设置用户数据库的位置。

define('confPRIVACY_FLAGS', 'authwarnings,novrfy,noexpn,restrictqrun')dnl

说明：强制 sendmail 使用某种邮件协议，例如，authwarnings 表明使用 X-Authentication-Warning 标题，并记录在日志文件中；novrfy 和 noexpn 设置防止请求相应的服务，restrictqrun 选项禁止 sendmail 使用-q 选项。

define('confAUTH_OPTIONS', 'A')dnl

说明：设置由 SMTP 验证。

TRUST_AUTH_MECH('EXTERNAL DIGEST-MD5 CRAM-MD5 LOGIN PLAIN')dnl

dnl define('confAUTH_MECHANISMS', 'EXTERNAL GSSAPI DIGEST-MD5 CRAM-MD5 LOGIN PLAIN')dnl

说明：上面两行是指定 sendmail 允许使用的验证机制。

dnl define('confCACERT_PATH','/usr/share/ssl/certs')

dnl define('confCACERT','/usr/share/ssl/certs/ca-bundle.crt')

dnl define('confSERVER_CERT','/usr/share/ssl/certs/sendmail.pem')

dnl define('confSERVER_KEY','/usr/share/ssl/certs/sendmail.pem')

说明：以上 4 行启用证书。

dnl define('confDONT_BLAME_SENDMAIL','groupreadablekeyfile')dnl

说明：设置密钥文件需要被除 sendmail 外的其他应用程序读取。

dnl define('confTO_QUEUEWARN', '4h')dnl

说明：设置邮件发送被延期多久之后向发送人发送通知消息，默认为 4 小时。
dnl define('confTO_QUEUERETURN', '5d')dnl
说明：设置多长时间返回一个无法发送消息。
dnl define('confQUEUE_LA', '12')dnl
dnl define('confREFUSE_LA', '18')dnl
说明：以上两行分别设置排队或拒绝的接收邮件的系统负载平均水平。
define('confTO_IDENT', '0')dnl
说明：设置等待接收 IDENT 查询响应的超时值。
FEATURE('smrsh','/usr/sbin/smrsh')dnl
说明：Smrsh 定义/usr/sbin/smrsh 作为 sendmail 用来接收命令的简单 shell。
FEATURE('mailertable','hash -o /etc/mail/mailertable.db')dnl
说明：设置 mailertable 数据库位置。
FEATURE('virtusertable','hash -o /etc/mail/virtusertable.db')dnl
说明：设置 virtusertable 数据库位置。
FEATURE(redirect)dnl
说明：允许拒绝接收已移走的用户的邮件并提供其新地址。
FEATURE(always_add_domain)dnl
说明：在所有发送的邮件上为主机名添加本地域名。
FEATURE(use_cw_file)dnl
说明：设置 sendmail 使用/etc/mail/local-host-names 文件为该邮件服务器提供另外的主机名。
FEATURE(use_ct_file)dnl
说明：设置 sendmail 使用/etc/mail/trusted-users 文件提供可信用户名。
FEATURE(local_procmail,'','procmail -t -Y -a $h -d $u')dnl
说明：设置传递本地邮件的命令（procmail）及其选项。
FEATURE('access_db','hash -T -o /etc/mail/access.db')dnl
说明：设置访问数据库的位置，该数据库指出允许哪些主机通过此服务器中继邮件。
FEATURE('blacklist_recipients')dnl
说明：启用该服务器为所选用户、主机或地址阻塞接收邮件的功能。
EXPOSED_USER('root')dnl
说明：禁止伪装发送者地址中出现 root 用户。
dnl # DAEMON_OPTIONS('Port=smtp,Addr=127.0.0.1, Name=MTA')dnl
说明：接收本地主机创建的邮件。
FEATURE('accept_unresolvable_domains')dnl
说明：设置能够接收域名不可解析的主机发送来的邮件。
LOCAL_DOMAIN('localhost.localdomain')dnl
说明：设置本地域名。
2. postfix 的配置语法
myorigin
说明：myorigin 参数用于指定该服务器使用哪个域名来外发邮件。默认的情况下 myorigin

采用本机主机名称。

mydestination
说明：用于指定该服务器使用哪个域名来接收邮件。

myhostname
说明：myhostname 参数用于描述域名全称。

mydomain
说明：系统自己检测本机所在的域。

mynetworks_stype
说明：mynetworks_stype 用于设定邮件系统内部子网的限制情况。通常情况下设定为 subnet。在单机情况下设置为 host。

mynetworks
说明：设置系统内部网络子网，邮件可以开放式转发。这对于配置邮件集群很有作用。

inet_interfaces
说明：用于指定特定的网络地址。

relay_domains
说明：用于限定邮件系统中的转发。

notify_classes
说明：该参数用于告知系统，在哪种情况下用哪种方式通知用户。

default_process_limit
说明：用于限定 SMTP 服务的最大同时连接数量。默认为 50。

local_destination_concurrency_limit
说明：本地同时同址分发限制。

default_destination_concurrency_limit
说明：默认同时同址分发限制。

queue_run_delay
说明：设定队列处理程序对拖延邮件的扫描周期。

maximal_queue_lifetime
说明：设定队列处理程序对滞留邮件的最长保存期。

minimal_backoff_time
说明：设定队列处理程序对无法投递的邮件的最短巡回时间。

maximal_backoff_time
说明：设定队列处理程序对无法投递的邮件的最长巡回时间。

smtpd_error_sleep_time
说明：当 SMTP 服务端口接收到非法的命令时，系统将缓冲处理的时间间隔。这个参数对于防止恶意攻击非常有效。

smtpd_soft_error_limit
说明：SMTP 服务所允许的软错误次数。这个参数对于防止恶意攻击非常有效。默认 10 次。

smtpd_hard_error_limit
说明：SMTP 服务所允许的硬错误次数。这个参数对于防止恶意攻击非常有效。默认 100 次。

header_checks

说明：设定过滤邮件的头部信息。

smtpd_client_restrictions

说明：SMTP 连接控制过滤。

smtpd_helo_required

说明：设定邮件系统是否在 SMTP 连接时必须进行 HELO 或 EHLO 握手。默认为不需要。

smtpd_helo_restrictions

说明：当 HELO 握手必须时。该参数用于验证握手信息是否符合要求。

strict_rfc821_envelopes

说明：设定系统是否必须只接收符合 RFC821 所定义的负荷规则的邮件地址。默认为 no。

smtpd_sender_restrictions

说明：设定发信人地址必须符合的规则。

smtpd_recipient_restrictions

说明：设定特殊的发信人地址参数限制。

maps_rbl_domains

说明：设置反垃圾邮件。这个参数通常设定为 maps_rbl_domains = blackholes.mail-abuse.org，如果 RBL lookup 打开，系统会自动与全球著名的反垃圾邮件组织 mail-abuse 进行同步。组织来自 mail-abuse 所列举的不安全的电子邮件服务器。

line_length_limit

说明：设定 SMTP 所接收的最长字符行的长度。

header_size_limit

说明：设定 SMTP 所接收的最长邮件头部信息的长度。

extract_recipient_limit

说明：限制扩展的收件人数量限制。

message_size_limit

说明：用于限定系统所接收的最大的单封邮件长度。

bounce_size_limit

说明：用于设定弹回的最大邮件尺寸。

四、实例配置

1. 基于 sendmail 邮件服务器的安装

要求：搭建一个邮件服务器，此邮件所在的域为 test1.cqdd.cn；MTA 使用 sendmail 软件；支持用户认证功能；支持用户别名，test2 为别名，系统账户 user1，即所有发往 test2@test1.cqdd.cn 的邮件都发往 user1@test1.cqdd.cn；只对本地域的邮件进行转发。

（1）软件的安装。

基于 sendmail 邮件服务器，主要软件有 sendmail、cyrus-sasl、dovecot、sendmail-cf。sendmail 依赖 hesiod、procmail，安装步骤如下：

```
[root@localhost ~]# yum install sendmail
[root@localhost ~]# yum install cyrus-sasl
```

```
[root@localhost ~]# yum install dovecot
[root@localhost mail]# yum install sendmail-cf
```
（2）配置文件。

1）DNS 服务器的配置。

编辑/var/named/chroot/etc/named.conf 的主要内容如下：

```
zone "7.168.192.in-addr.arpa" IN {
        type master;
        file "192.168.7";
};
zone "test1.cqdd.cn" IN {
        type master;
        file "test1.cqdd.cn.db";
};
```

编辑/var/named/chroot/var/test1.cqdd.cn.db 内容如下：

```
$TTL 38400
@       IN SOA      dns.test1.cqdd.cn. test1.cqdd.cn. (
                        2013061901      ; serial
                        10800           ; refresh
                        3600            ; retry
                        604800          ; expire
                        38400
                        )               ; minimum
                IN NS       dns.test1.cqdd.cn.
                IN A        192.168.7.249
dns             IN A        192.168.7.249
mail            IN A        192.168.7.249
test1.cqdd.cn.  IN MX   5   mail.test1.cqdd.cn.
```

2）sendmail 的配置。

根据上面的要求修改/etc/mail/sendmail.mc 文件，内容如下：

```
divert(-1)dnl
include('/usr/share/sendmail-cf/m4/cf.m4')dnl
VERSIONID('setup for linux')dnl
OSTYPE('linux')dnl
define('confDEF_USER_ID', "8:12")dnl
define('confTO_CONNECT', '1m')dnl
define('confTRY_NULL_MX_LIST', 'True')dnl
define('confDONT_PROBE_INTERFACES', 'True')dnl
define('PROCMAIL_MAILER_PATH', '/usr/bin/procmail')dnl
define('ALIAS_FILE', '/etc/aliases')dnl
define('STATUS_FILE', '/var/log/mail/statistics')dnl
define('UUCP_MAILER_MAX', '2000000')dnl
define('confUSERDB_SPEC', '/etc/mail/userdb.db')dnl
define('confPRIVACY_FLAGS', 'authwarnings,novrfy,noexpn,restrictqrun')dnl
define('confAUTH_OPTIONS', 'A')dnl
TRUST_AUTH_MECH('EXTERNAL DIGEST-MD5 CRAM-MD5 LOGIN PLAIN')dnl
```

define('confAUTH_MECHANISMS', 'EXTERNAL GSSAPI DIGEST-MD5 CRAM-MD5 LOGIN PLAIN')

//上面两行是指定 sendmail 允许使用的验证机制

define('confTO_IDENT', '0')dnl
FEATURE('no_default_msa', 'dnl')dnl
FEATURE('smrsh', '/usr/sbin/smrsh')dnl
FEATURE('mailertable', 'hash -o /etc/mail/mailertable.db')dnl
FEATURE('virtusertable', 'hash -o /etc/mail/virtusertable.db')dnl
FEATURE(redirect)dnl
FEATURE(always_add_domain)dnl
FEATURE(use_cw_file)dnl
FEATURE(use_ct_file)dnl
FEATURE(local_procmail, '', 'procmail -t -Y -a $h -d $u')dnl
FEATURE('access_db', 'hash -T<TMPF> -o /etc/mail/access.db')dnl
FEATURE('blacklist_recipients')dnl
EXPOSED_USER('root')dnl
DAEMON_OPTIONS('Port=smtp,Addr=**0.0.0.0**, Name=MTA')dnl
FEATURE('accept_unresolvable_domains')dnl
LOCAL_DOMAIN('test1.cqdd.cn')dnl   //设置本地域为 test1.cqdd.cn
MAILER(smtp)dnl
MAILER(procmail)dnl

主要修改了上面黑体部分的内容，其他都是默认的，然后 m4 命令生成 sendmail.cf 文件，命令如下：

[root@localhost mail]#m4 sendmail.mc > sendmail.cf

修改/etc/mail/access 文件，增加本地域，使之能够转发本地域，文件内容如下：

[root@localhost mail]# vi access
Connect:test1.cqdd.cn   RELAY

然后使用 makemap 命令生成 access.db，命令如下：

[root@localhost mail]#makemap hash access.db < access

修改/etc/aliases 文件，文件内容如下：

test2:user1

然后使用 newaliase 命令生成 aliases.db，命令如下：

[root@localhost etc]# newaliases   aliases.db < aliases

3）sasl 认证的配置。

接下来修改 sasl 相关配置文件/etc/sasl2/Sendmail.conf、/etc/sysconfig/saslauthd，内容如下：

[root@localhost sasl2]# more /etc/sasl2/Sendmail.conf
pwcheck_method:saslauthd
[root@localhost sasl2]# more /etc/sysconfig/saslauthd
SOCKETDIR=/var/run/saslauthd
MECH=shadow

4）dovecot 的配置。

dovecot 主要提供 POP 和 IMAP 服务，下面修改 dovecot 相关配置文件/etc/dovecot/dovecot.conf、/etc/dovecot/conf.d/10-mail.conf、/etc/dovecot/conf.d/10-auth.conf、/etc/dovecot/conf.d/auth-system.conf，内容如下：

```
[root@localhost sasl2]# more /etc/dovecot/dovecot.conf
protocols = imap pop3 lmtp
dict {
}
!include conf.d/*.conf
[root@localhost sasl2]#    more /etc/dovecot/conf.d/10-mail.conf
mail_location = mbox:~/mail:INBOX=/var/mail/%u
mbox_write_locks = fcntl
[root@localhost sasl2]#    more /etc/dovecot/conf.d/10-auth.conf
disable_plaintext_auth = no           #将此行前面的"#"删除，并将值"yes"修改为"no"
auth_mechanisms = plain               #修改此行的值为 plain
!include auth-system.conf.ext         #将此行之前的"#"删除，其他以!include 开头的行注释掉
[root@localhost sasl2]#more /etc/dovecot/conf.d/auth-system.conf.ext
passdb {
   driver = shadow
}
userdb {
   driver = passwd
}
```

在/etc/skel 目录下创建 mail/.imap/INBOX 目录，命令如下：

```
[root@localhost skel]#mkdir -p mail/.imap/INBOX
#在创建用户时，用户的家目录下会自动创建此目录
[root@localhost skel]#chmod 700 -R mail    #修改目录的权限，-R 参数是递归的修改目录权限
```

（3）设置防火墙和 selinux。

设置邮件服务器的防火墙允许 TCP 协议的 25、110 和 143 端口建立连接，在/etc/sysconfig/iptables 文件中"-A INPUT -m state --state NEW -m tcp -p tcp --dport 22 -j ACCEPT"之前增加下面的 3 行内容，然后用"service iptables restart"命令重新启动防火墙。

```
-A INPUT -m state --state NEW -m tcp -p tcp --dport 25 -j ACCEPT
-A INPUT -m state --state NEW -m tcp -p tcp --dport 110 -j ACCEPT
-A INPUT -m state --state NEW -m tcp -p tcp --dport 143 -j ACCEPT
```

将 selinux 设置为 Permissive 模式，否则接收邮件时无法通过认证，命令如下：

```
[root@localhost /]# setenforce 0
```

（4）启动服务。

启动服务的命令如下：

```
[root@localhost /]# service sendmail start        //启动 sendmail 服务
[root@localhost /]# service saslauthd start       //启动用户认证服务
[root@localhost /]# service dovecot start         //启动 POP 与 IMAP 服务
[root@localhost /]# service sendmail restart      //重启 sendmail 服务
[root@localhost /]# service saslauthd restart     //重启用户认证服务
[root@localhost /]# service dovecot restart       //重启 POP 与 IMAP 服务
[root@localhost /]# service sendmail stop         //停止 sendmail 服务
[root@localhost /]# service saslauthd stop        //停止用户认证服务
[root@localhost /]# service dovecot stop          //停止 POP 与 IMAP 服务
```

将相关服务设置为开机启动，命令如下：

```
[root@localhost /]#chkconfig  --level 345 sendmail   on
```

[root@localhost /]#chkconfig --level 345 saslauthd on
[root@localhost /]#chkconfig --level 345 dovecot on

（5）测试。

创建账户 user1 和 user6 系统用户，并设置密码，命令如下：

[root@localhost /]#useradd user1
[root@localhost /]#passwd user1
Changing password for user user1.
New password: #输入密码
BAD PASSWORD: it is too simplistic/systematic
BAD PASSWORD: is too simple
Retype new password: #输入确认密码
passwd: all authentication tokens updated successfully.
[root@localhost /]#useradd user6
[root@localhost /]# passwd user6
Changing password for user user6
New password: #输入密码
BAD PASSWORD: it is too simplistic/systematic
BAD PASSWORD: is too simple
Retype new password: #输入确认密码
passwd: all authentication tokens updated successfully.

首先在客户端 Outlook 中新建一个账户 user6，如图 10-2 所示。

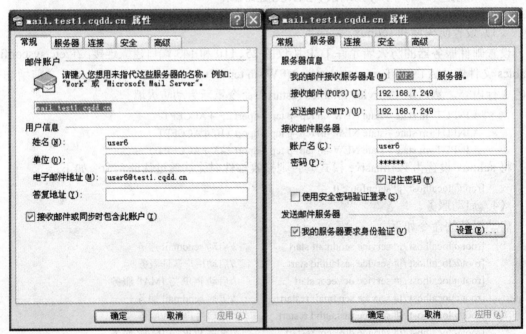

图 10-2 创建账户参数

用户 user6 向 test2 发送一份邮件，实际邮件是发送到用户 user1，如图 10-3 所示。

用户 user6 向 test2 发送一份邮件，实际是发送到用户 user1，查看 user1 的邮件，如图 10-4 所示。

图 10-3　发送邮件

图 10-4　user1 用户接受到的邮件

2. 基于 postfix 邮件服务器的安装

要求：Web 界面的后台管理软件 postfixadmin；Web 界面的客户端软件 squirrelmail；SMTP 的程序使用 postfix；支持用户认证；支持虚拟域；支持虚拟用户，用户信息存储在 mysql 数据库中，邮件服务器的 IP 地址为 192.168.7.250，创建两个域，域名为 test2.cqdd.cn，其 IP 地址为 192.168.7.250；域名为 test3.cqdd.cn，其 IP 地址为 192.168.7.249。

(1) DNS 服务器的配置。

编辑/var/named/chroot/etc/named.conf 的主要内容如下

```
zone "7.168.192.in-addr.arpa" IN {
        type master;
        file "192.168.7";
};
zone "test2.cqdd.cn" IN {
        type master;
        file "test2.cqdd.cn.db";
};
zone "test3.cqdd.cn" IN {
        type master;
        file "test2.cqdd.cn.db";
};
```

编辑/var/named/chroot/var/test2.cqdd.cn.db 内容如下：

```
$TTL 38400
@       IN SOA    dns.test2.cqdd.cn. test2.cqdd.cn. (
                        2013061901      ; serial
                        10800           ; refresh
                        3600            ; retry
                        604800          ; expire
                        38400
                        )               ; minimum
        IN   NS   dns.test2.cqdd.cn.
        IN A 192.168.7.250
dns   IN A 192.168.7.250
mail  IN A 192.168.7.250
test2.cqdd.cn.    IN MX    5    mail.test2.cqdd.cn.
```

编辑/var/named/chroot/var/test3.cqdd.cn.db 内容如下：

```
$TTL 38400
@       IN SOA    dns.test3.cqdd.cn. test3.cqdd.cn. (
                        2013061901      ; serial
                        10800           ; refresh
                        3600            ; retry
                        604800          ; expire
                        38400
                        )               ; minimum
        IN   NS   dns.test3.cqdd.cn.
        IN A 192.168.7.249
dns   IN A 192.168.7.249
mail  IN A 192.168.7.249
test3.cqdd.cn.    IN MX    5    mail.test3.cqdd.cn.
```

编辑/var/named/chroot/var/192.168.7 内容如下：

```
$TTL 38400
@       IN SOA    dns.test2.cqdd.cn. test2.cqdd.cn. (
```

```
                    2013061901      ; serial
                    10800           ; refresh
                    3600            ; retry
                    604800          ; expire
                    38400
                    )               ; minimum
        IN NS       dns.test2.cqdd.cn.
250     IN PTR      dns.test2.cqdd.cn.
250     IN PTR      mail.test2.cqdd.cn.
249     IN PTR      mail.test3.cqdd.cn.
```

因为邮件服务器网卡 eth0 的 IP 地址为 192.168.7.250，而域 test3.cqdd.cn 对应的 IP 地址为 192.168.7.249，因此要创建一个虚拟接口 eth0:0，命令如下：

```
[root@localhost home]#ifconfig eth0:0 192.168.7.249 netmask 255.255.255.0
```

（2）postfixadmin 的安装、配置和测试。

1）安装软件。

首先安装系统光盘中包含的软件包，步骤如下：

```
[root@localhost /]#yum install httpd
[root@localhost /]#yum install httpd-devel
[root@localhost /]#yum install mysql
[root@localhost /]#yum install php-mysql
[root@localhost /]#yum install mysql-server
[root@localhost /]#yum install mysql-devel
[root@localhost /]#yum install libxml2
[root@localhost /]#yum install gcc
[root@localhost /]#yum install make
[root@localhost /]#yum install libxml2-devel
[root@localhost /]#yum install php-pear
[root@localhost /]#yum install libc-client              #第2张光盘
[root@localhost /]#yum install libc-client-devel        #第2张光盘
[root@localhost /]#yum install php-imap                 #第2张光盘
```

下面的 DB 软件是基于 PHP 的开发库，postfixadmin 软件所需要的。下面的软件都需要在相关的网站上下载，然后拷贝到/home 目录下进行安装。

```
[root@localhost home]#tar -zxvf   DB-1.7.13.tgz
[root@localhost home]#cp -R DB-1.7.13/*   /usr/share/pear/
```

下面开始安装 PHP 的源代码，因为系统自带的 PHP 不支持数据库。

```
[root@localhost home]#tar -zxvf   php-5.4.14.tar.gz
[root@localhost home]#cd php-5.4.14
[root@localhost home]#ln -s /usr/lib64/libc-client.so /usr/lib/
#如果系统是 64 位字长，如果下面的配置会出错，提示找不到 libc-client.a 时，请执行上面的命令
建立连接
[root@localhost php-5.4.14]#./configure --prefix=/usr --with-mysql --with-apxs2 --enable-mbstring \
--with-imap-ssl   --with-kerberos --with-imap        #配置编译，注意配置参数的顺序，否则会出错
[root@localhost php-5.4.14]#make                     #源程序编译
[root@localhost php-5.4.14]#make install             #安装源代码
```

下面安装 postfixadmin 软件，步骤如下：

[root@localhost home]#tar -zxvf   postfixadmin-2.3.6.tar.gz
[root@localhost home]#/bin/cp -R ./postfixadmin-2.3.6 /var/www/htm/postfixadmin

2）软件配置。

①修改 http 的配置文件。

修改/etc/httpd/conf/httpd.conf 文件，在此配置中 AddType application/x-gzip .gz .tgz 行下面增加下面的内容。

AddType application/x-httpd-php .php
AddType application/x-httpd-php-source .phps .inc

将/etc/httpd/conf/httpd.conf 文件中"listen 80"行修改为"listen 192.168.7.250:80"。

②修改 php 的配置和创建 session 目录。

将/etc/php.ini 拷贝到/usr/lib/目录下，并且修改 php.ini 文件的 include_path 开头的一行修改为：

include_path = ".:/php/includes:/usr/share/pear"

创建 PHP 所需要的 session 目录并修改此目录的权限，步骤如下：

[root@localhost home]#mkdir /var/lib/php/session
[root@localhost home]#chmod 777 /var/lib/php/session

③创建 postfix 数据库和修改相应的权限。

创建 postfixadmin 的数据库 postfix，首先设置数据库的权限。

mysql>USE mysql;
mysql>INSERT INTO user (Host, User, Password) VALUES ('localhost','postfix',password('postfix'));
mysql>INSERT INTO db (Host, Db, User, Select_priv) VALUES ('localhost','postfix','postfix','Y');
mysql>INSERT INTO user (Host, User, Password,Alter_priv,Create_priv) VALUES ('192.168.7.250','postfixadmin',password('postfixadmin'), 'Y', 'Y');
mysql>INSERT INTO db (Host, Db, User, Select_priv, Insert_priv, Update_priv, Delete_priv,Alter_priv,Create_priv) VALUES ('192.168.7.250', 'postfix', 'postfixadmin', 'Y', 'Y', 'Y', 'Y', 'Y', 'Y');
mysql>FLUSH PRIVILEGES;

创建数据库 postfix 和数据库中的表。

mysql>CREATE DATABASE postfix;
mysql>USE postfix;

mysql>CREATE TABLE admin (
    username varchar(255) NOT NULL default '',
    password varchar(255) NOT NULL default '',
    created datetime NOT NULL default '0000-00-00 00:00:00',
    modified datetime NOT NULL default '0000-00-00 00:00:00',
    active tinyint(1) NOT NULL default '1',
    PRIMARY KEY   (username),
    KEY username (username)
) TYPE=MyISAM COMMENT='Postfix Admin - Virtual Admins';

mysql>CREATE TABLE alias (
    address varchar(255) NOT NULL default '',
    goto text NOT NULL,

```
    domain varchar(255) NOT NULL default '',
    created datetime NOT NULL default '0000-00-00 00:00:00',
    modified datetime NOT NULL default '0000-00-00 00:00:00',
    active tinyint(1) NOT NULL default '1',
    PRIMARY KEY    (address),
    KEY address (address)
) TYPE=MyISAM COMMENT='Postfix Admin - Virtual Aliases';

mysql>CREATE TABLE domain (
    domain varchar(255) NOT NULL default '',
    description varchar(255) NOT NULL default '',
    aliases int(10) NOT NULL default '0',
    mailboxes int(10) NOT NULL default '0',
    maxquota int(10) NOT NULL default '0',
    transport varchar(255) default NULL,
    backupmx tinyint(1) NOT NULL default '0',
    created datetime NOT NULL default '0000-00-00 00:00:00',
    modified datetime NOT NULL default '0000-00-00 00:00:00',
    active tinyint(1) NOT NULL default '1',
    PRIMARY KEY    (domain),
    KEY domain (domain)
) TYPE=MyISAM COMMENT='Postfix Admin - Virtual Domains';

mysql>CREATE TABLE domain_admins (
    username varchar(255) NOT NULL default '',
    domain varchar(255) NOT NULL default '',
    created datetime NOT NULL default '0000-00-00 00:00:00',
    active tinyint(1) NOT NULL default '1',
    KEY username (username)
) TYPE=MyISAM COMMENT='Postfix Admin - Domain Admins';

mysql>CREATE TABLE log (
    timestamp datetime NOT NULL default '0000-00-00 00:00:00',
    username varchar(255) NOT NULL default '',
    domain varchar(255) NOT NULL default '',
    action varchar(255) NOT NULL default '',
    data varchar(255) NOT NULL default '',
    KEY timestamp (timestamp)
) TYPE=MyISAM COMMENT='Postfix Admin - Log';

mysql>CREATE TABLE mailbox (
    username varchar(255) NOT NULL default '',
    password varchar(255) NOT NULL default '',
    name varchar(255) NOT NULL default '',
    maildir varchar(255) NOT NULL default '',
    quota int(10) NOT NULL default '0',
```

```
        domain varchar(255) NOT NULL default '',
        created datetime NOT NULL default '0000-00-00 00:00:00',
        modified datetime NOT NULL default '0000-00-00 00:00:00',
        active tinyint(1) NOT NULL default '1',
        PRIMARY KEY    (username),
        KEY username (username)
    ) TYPE=MyISAM COMMENT='Postfix Admin - Virtual Mailboxes';

    mysql>CREATE TABLE vacation (
        email varchar(255) NOT NULL default '',
        subject varchar(255) NOT NULL default '',
        body text NOT NULL,
        cache text NOT NULL,
        domain varchar(255) NOT NULL default '',
        created datetime NOT NULL default '0000-00-00 00:00:00',
        active tinyint(1) NOT NULL default '1',
        PRIMARY KEY    (email),
        KEY email (email)
    ) TYPE=MyISAM COMMENT='Postfix Admin - Virtual Vacation';
```

④修改 postfixadmin 的配置文件。

修改/var/www/html/postfixadmin/config.ini.php 文件中下面列出的参数，其他参数不变。

```
    $CONF['configured'] = true;
    $CONF['setup_password'] = '';              #此行的值在访问此站点之后再增加
    $CONF['default_language'] = 'cn';
    $CONF['database_type'] = 'mysql';
    $CONF['database_host'] = '192.168.7.250';
    $CONF['database_user'] = 'postfixadmin';
    $CONF['database_password'] = 'postfixadmin';
    $CONF['database_name'] = 'postfix';
    $CONF['admin_email'] = 'postmaster@test2.cqdd.cn';
    $CONF['default_aliases'] = array (
        'abuse' => 'abuse@test2.cqdd.cn',
        'hostmaster' => 'hostmaster@test2.cqdd.cn',
        'postmaster' => 'postmaster@test2.cqdd.cn',
        'webmaster' => 'webmaster@test2.cqdd.cn'
    );
    $CONF['domain_path'] = 'YES';
    $CONF['domain_in_mailbox'] = 'NO';
```

3）postfixadmin 的测试。

测试之前要启动 mysql、httpd 服务，关闭防火墙，将 selinux 设置为 permissive 模式，命令如下：

```
    [root@localhost ~]#mysqld_safe &
    [root@localhost ~]#service httpd start
    [root@localhost ~]#service iptables stop
    [root@localhost ~]#setenforce 0
```

打开浏览器，在浏览器的地址栏输入 http://192.168.7.250/postfixadmin/setup.php，会出现如图 10-5 所示。

图 10-5　postfixadmin 的 setup.php 页面

然后在如图 10-6 所示的文本框中输入密码，之后单击"Generate password hash"按钮，此时文本框上方出现密码的 hash 值，将/var/www/html/postfixadmin/config.ini.php 文件中的 $CONF['setup_password']值设置为上面的 hash 值，如图 10-7 所示。

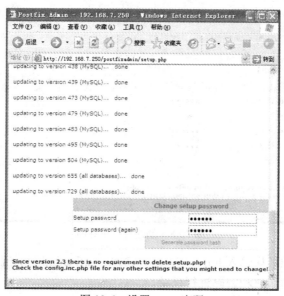

图 10-6　设置 setup 密码

图 10-7 密码 hash 值

在图 10-8 中的文本框中输入 setup password、Admin 和 password，然后单击"Add Admin"按钮来创建后台管理员。

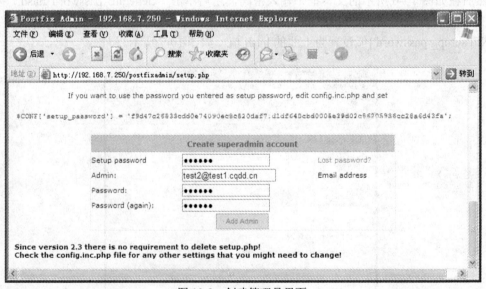

图 10-8 创建管理员界面

最后在浏览器的地址栏输入 http://192.168.7.250/postfixadmin/login.php，如图 10-9 所示，利用刚才创建的管理员账户和密码进行登录。

图 10-9 管理员登录后台界面

在如图 10-9 所示的文本框中输入账户和密码 test2@test2.cqdd.cn 登录后台管理界面，创建 test2.cqdd.cn、test2.cqdd.cn 域，如图 10-10 所示。

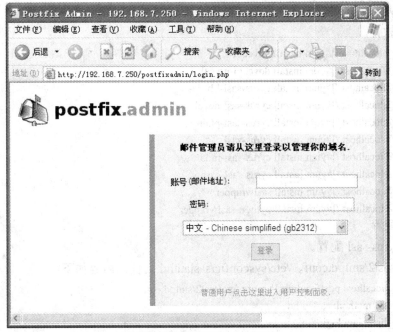

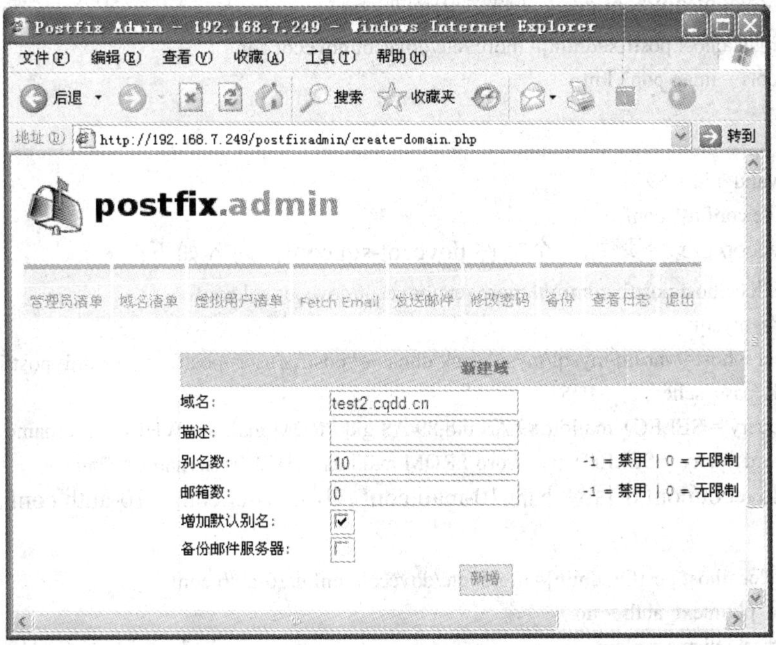

图 10-10 创建域名

然后单击"新增"按钮，新建域名完成，接着单击"虚拟用户清单"菜单下的新增邮箱链接，增加新邮箱。

(3) dovecot 和 cyrus-sasl 的安装和配置。

1) 安装软件。

    [root@localhost /]#yum install dovecot
    [root@localhost /]#yum install dovecot-mysql
    [root@localhost /]#yum install cyrus-sasl-lib
    [root@localhost /]#yum install cyrus-sasl-devel
    [root@localhost /]#yum install cyrus-sasl-plain
    [root@localhost /]#yum install cyrus-sasl
    [root@localhost /]#yum install cyrus-sasl-md5
    [root@localhost /]#yum install cyrus-sasl-gssapi
    [root@localhost /]#yum install saslwrapper
    [root@localhost /]#yum install python-saslwrapper

2) 软件配置。

①修改 cyrus-sasl 配置。

修改/etc/sasl2/smtpd.conf、/etc/sysconfig/saslauthd 文件，内容如下：

    [root@localhost postfixadmin]# more /etc/sasl2/smtpd.conf
    pwcheck_method: saslauthd
    mech_list: plain login
    [root@localhost postfixadmin]# more /etc/sysconfig/saslauthd
    SOCKETDIR=/var/run/saslauthd
    MECH=shadow

②修改 dovecot 配置。

修改/etc/dovecot/dovecot.conf 文件，内容如下：

    [root@localhost postfixadmin]# more /etc/dovecot/dovecot.conf
    protocols = imap pop3 lmtp
    dict {
    }
    first_valid_uid = 89
    !include conf.d/*.conf

在/etc/dovecot/目录下增加一个文件 dovecot-sql.conf，内容如下：

    [root@localhost postfixadmin]# more /etc/dovecot/dovecot-sql.conf
    driver = mysql
    connect = host=/var/lib/mysql/mysql.sock dbname=postfix user=postfix password=postfix
    default_pass_scheme = MD5
    user_query = SELECT maildir,89 AS uid,89 AS gid FROM mailbox WHERE username = '%u'
    password_query = SELECT password FROM mailbox WHERE username = '%u'

修改/etc/dovecot/conf.d/目录下的 10-mail.conf、10-master.conf、10-auth.conf、auth-sql.conf 中内容如下：

    [root@localhost postfixadmin]# more /etc/dovecot/conf.d/10-auth.conf
    disable_plaintext_auth = no
    auth_mechanisms = plain
    !include auth-sql.conf.ext
    [root@localhost postfixadmin]# more /etc/dovecot/conf.d/10-mail.conf
    mail_location = maildir:/var/spool/mail/%d/%n
    first_valid_uid = 89

```
first_valid_gid = 89
mbox_write_locks = fcntl
[root@localhost postfixadmin]# more /etc/dovecot/conf.d/10-master.conf
service lmtp {
  unix_listener lmtp {
    #mode = 0666
  }
}
service imap {
}
service pop3 {
}
service auth {
  unix_listener auth-userdb {
    mode = 0660
    user = postfix
    group = postfix
  }
  unix_listener auth-client {
    mode = 0660
    user = postfix
    group = postfix
  }
  unix_listener /var/spool/postfix/private/auth {
    mode = 0666
  }
}
service auth-worker {
}
service dict {
   unix_listener dict {
   }
}
[root@localhost postfixadmin]# more /etc/dovecot/conf.d/auth-sql.conf
passdb {
  driver = sql
  args = /etc/dovecot/dovecot-sql.conf
}
userdb {
  driver = sql
  args = /etc/dovecot/dovecot-sql.conf
}
```

（4）postfix 的安装、配置和测试。

1）安装软件。

下面安装 postfix 软件，步骤如下：

```
[root@localhost home]#tar -zxvf    postfix-2.8.6.tar.gz
```

```
[root@localhost home]#cd postfix-2.8.6
[root@localhost postfix-2.8.6]#make -f Makefile.init makefiles 'CCARGS=-DHAS_MYSQL
-I/usr/include/mysql -DUSE_SASL_AUTH -I/usr/include/sasl' 'AUXLIBS=-L/usr/lib64/mysql -l
mysqlclient -lz -lm -L/usr/lib64 -l sasl2'
[root@localhost postfix-2.8.6]#make
[root@localhost postfix-2.8.6]#make install
```

注意：第 3 行中的'AUXLIBS=-L/usr/lib64/mysql -l mysqlclient -lz -lm -L/usr/lib64 -l sasl2' 中的 "lib64"，如果系统是 32 位字长，请用 "lib" 代替 "lib64"。安装过程中有一些目录设置，根据提示进行设置即可。

2）软件配置。

修改/etc/postfix/main.cf 文件，内容如下：

```
#===================BASE==================
myhostname = mail.test2.cqdd.cn          //本机的域名
mydomain = test2.cqdd.cn                 //本地域
myorigin = $mydomain                     //设置由本台邮件主机寄出的邮件的邮件头中的地址
mydestination = $myhostname localhost localhost.$mydomain localhost.localdomain   //本地网络
mynetworks = 127.0.0.0/8 192.168.7.0/24  //指定不需要进行认证就可以通过 SMTP 进行发送邮件
                                           的网络
inet_interface = all
#==========vritual mailbox setting ==================
virtual_minimum_uid = 88                 //定义启动 postfix 服务的最小 UID
virtual_mailbox_base = /var/spool/mail   //定义用户邮箱的存放路径
virtual_mailbox_maps = mysql:/etc/postfix/mysql_virtual_mailbox_maps.cf//指定虚拟邮箱映射的文件
virtual_mailbox_domains = mysql:/etc/postfix/mysql_virtual_mailbox_domains.cf    //指定虚拟域映
                                                                                  射的文件
virtual_alias_maps = mysql:/etc/postfix/mysql_virtual_alias_maps.cf     //指定虚拟别名映射的文件
virtual_uid_maps = static:89    //postfix 的 virtual MDA 投递邮件到虚拟邮箱时，继承的系统用户
virtual_gid_maps = static:89    //postfix 的 virtual MDA 投递邮件到虚拟邮箱时，继承的系统用户组
virtual_transport = virtual     //设置邮件传送的方式
maildrop_destination_recipient_limit = 1     //设置 MDA 每次投递的限制为 1
maildrop_destination_concurrency_limit = 1   //定义 MDA 投递的并发数为 1
#==========sasl setting==========
smtpd_banner = $myhostname ESMTP $mail_name ($mail_version)
broken_sasl_auth_client = yes            //解决客户端不兼容问题
smtpd_recipient_retrictions = permit_mynetworks,permit_sasl_authenticated,reject_invalid_hostname,
reject_non_fqdn_hostname,reject_unknown_sender_domain,reject_non_fqdn_sender,reject_nonfqdn_reci
pient,reject_unknown_recipient_domain,reject_unauth_pipelining,reject_unauth_destination,permit
//通过收件人地址对客户端发来的邮件进行过滤
smtpd_sasl_auth_enable = yes             //启用 sasl 作为 SMTP 认证方式
smtpd_sasl_type = dovecot                //定义认证方式
smtpd_sasl_path = /var/run/dovecot/auth-client    //设置认证程序
smtpd_sasl_local_domain = $myhostname    //定义 postfix 的 SMTP 服务器的本地 SASL 认证域的名称
smtpd_sasl_security_options = noanonymous    //设置限制登录的方式，noanonymous 表示禁止采用匿
                                               名方式登录
#=============================QUOTA==============================
```

```
message_size_limit = 5242880        //邮件大小
mailbox_size_limit = 20971520       //邮箱大小
virtual_mailbox_limit = 20971520
//以下的设置是关于一些文件的路径
readme_directory = /usr/share/doc/postfix-2.8.6/README_FILES
html_directory = /var/www/html/postfix
manpage_directory = /usr/share/man
sample_directory = /usr/share/doc/postfix-2.8.6/samples
data_directory = /var/lib/postfix
setgid_group = postdrop
command_directory = /usr/sbin
daemon_directory = /usr/libexec/postfix
mailq_path = /usr/bin/mailq.postfix
```

在/etc/postfix 目录下增加 mysql_virtual_alias_maps.cf、mysql_virtual_mailbox_domains.cf、mysql_virtual_mailbox_maps.cf 文件，文件的内容如下：

```
[root@localhost postfix]# more /etc/postfix/mysql_virtual_alias_maps.cf
user = postfix
password = postfix
dbname = postfix
select_field = goto
table = alias
where_field = address
additional_conditions = AND active = '1'
[root@localhost postfix]# more /etc/postfix/mysql_virtual_mailbox_domains.cf
user = postfix
password = postfix
dbname = postfix
select_field = domain
table = domain
where_field = domain
additional_conditions = AND active = '1'
[root@localhost postfix]# more /etc/postfix/mysql_virtual_mailbox_maps.cf
user = postfix
password = postfix
dbname = postfix
select_field = maildir
table = mailbox
where_field = username
additional_conditions = AND active = '1'
```

接下来修改一下/var/spool/mail 目录的拥有者与拥有组，命令如下：

```
[root@localhost postfixadmin]#chown    postfix:postfix    /var/spool/mail
```

3）测试 postfix、saslauthd、dovecot 服务。

首先启动服务，步骤如下：

```
[root@localhost /]# service postfix start
[root@localhost /]# service saslauthd start
[root@localhost /]# service dovecot start
```

设置开机启动服务，命令如下：

[root@localhost /]# chkconfig   --level 345   postfix on
[root@localhost /]# chkconfig   --level 345   saslauthd on
[root@localhost /]# chkconfig   --level 345   dovecot on

测试 postfix 服务，在 Windows 系统中打开 DOS 窗口，在 DOS 窗口输入如下的命令：

telnet 192.168.7.250 25
220 mail.test2.cqdd.cn ESMTP Postfix (2.6.6)
ehlo 192.168.7.250
250-mail.test2.cqdd.cn
250-PIPELINING
250-SIZE 5242880
250-VRFY
250-ETRN
250-AUTH PLAIN
250-ENHANCEDSTATUSCODES
250-8BITMIME
250 DSN

出现上面黑体字的一行，说明服务具有认证功能。

测试 saslauthd 服务，步骤如下：

[root@localhost conf.d]# testsaslauthd -u test -p 123456   #test 为系统账户，123456 为 test 的密码
0: OK "Success."

如果出现上面一行的信息，则说明 saslauthd 认证服务已经正常。

测试 dovecot 的 pop 服务，在 Windows 系统中打开 DOS 窗口，在 DOS 窗口输入如下的命令：

telnet 192.168.7.250 110
+OK Dovecot ready.
auth   #输入的认证命令
+OK
PLAIN   #明文认证
user test11   #输入 user 命令和认证用户名
+OK
pass 123456   #输入 pass 命令和认证用户密码
-ERR Authentication failed.

认证失败，没有关系，因为安装的认证是虚拟用户认证。

（5）squirrelmail 的安装、配置与测试。

1）安装软件。

如果不要 Web 的用户界面，则邮件服务器的安装已经结束了，下面安装 Web 的用户界面。

[root@localhost wujix]# tar -zxvf   squirrelmail-20130624_0200-SVN.devel.tar.gz
[root@localhost wujix]# /bin/cp -r   squirrelmail.devel /var/www/html/squirrelmail
[root@localhost wujix]# tar -zxvf   squirrelmail-20130702_0200-SVN.locales.tar.gz #语言包
[root@localhost squirrelmail.locales]# cd squirrelmail.locales/
[root@localhost squirrelmail.locales]# ./install
Please enter path to your squirrelmail installation: **/var/www/html/squirrelmail/**
#上一行冒号后面的内容为用户输入的 squirrelmail 的安装路径

创建 squirrelmail 存放数据和附件的目录，并修改目录的拥有者与拥有组为 apache:apache

mkdir -p /var/local/squirrelmail/data。
chown apache:apache /var/local/squirrelmail/data
mkdir -p /var/local/squirrelmail/attach
chown apache:apache /var/local/squirrelmail/attach

3）软件配置。

下面对 squirrelmail 进行配置，在命令行提示下执行下面的脚本，结果如图 10-11 所示。

[root@localhost config]#/var/www/html/squirrelmail/config/conf.pl

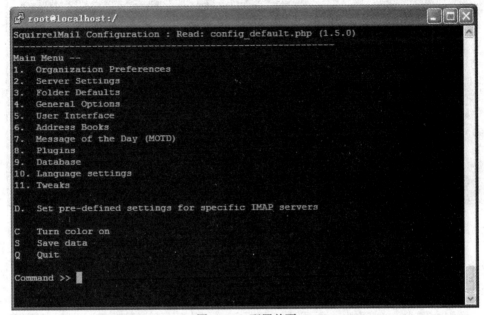

图 10-11　配置首页

关于语言的设置，输入数字 10 后按回车键，出现语言设置界面，如图 10-12 所示，输入 1 后按回车键，在提示符下输入 zh_CN 后按回车键，输入字母 r 按回车键返回主界面。

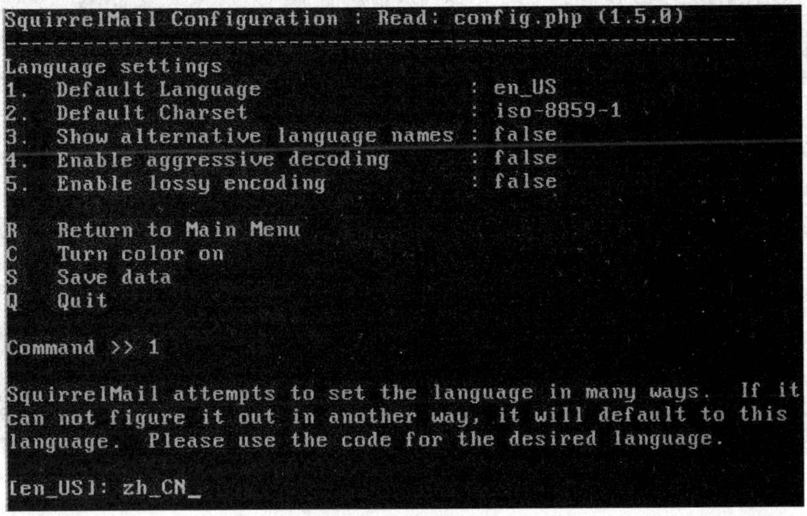

图 10-12　语言设置界面

关于服务器的设置，输入数字 2 后按回车键，出现服务器设置界面，如图 10-13 所示。

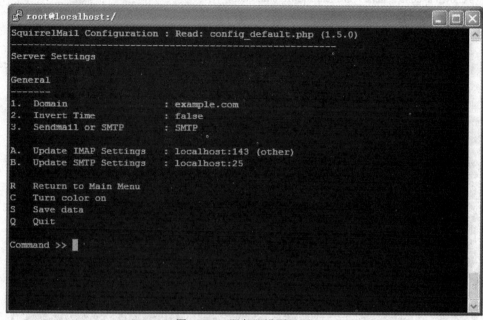

图 10-13　服务器设置界面

服务器域名的设置，输入数字 1 后按回车键，出现域名设置界面，如图 10-13 所示，输入域名 test2.cqdd.cn 按回车键，如图 10-14 所示。

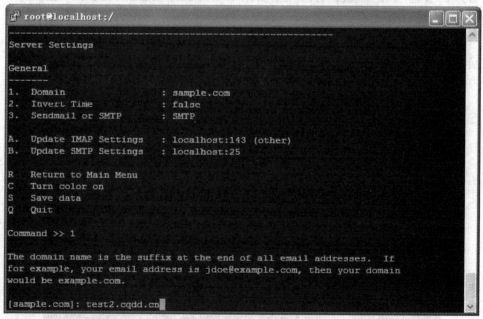

图 10-14　域名设置界面

输入字母 a 后按回车键，出现设置服务 IMAP 界面，如图 10-15 所示。

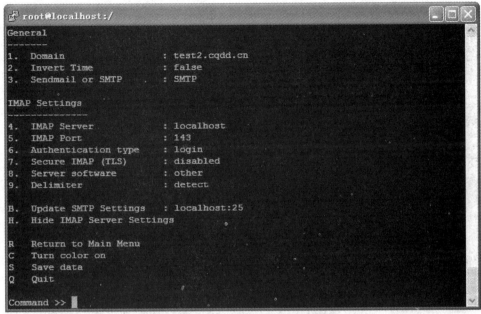

图 10-15　设置服务 IMAP 界面

输入数字 4 后按回车键，出现设置 IMAP Server，如图 10-16 所示，输入 IP 地址 192.168.7.250 后按回车键，如图 10-16 所示。

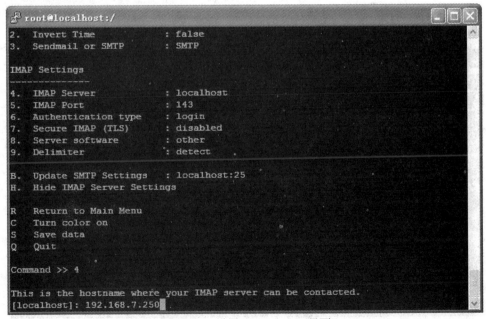

图 10-16　设置 IMAP Server 界面

输入字母 b 后按回车键，出现设置服务 SMTP 界面，如图 10-17 所示。

图 10-17　设置服务 SMTP 界面

输入数字 4 后按回车键，出现设置 SMTP Server，如图 10-18 所示，输入 IP 地址 192.168.7.250 后按回车键，如图 10-18 所示。

图 10-18　设置 SMTP Server 界面

输入字母 r 后按回车键，返回图 10-13 的界面，再一次输入字母 r 后按回车键，返回图 10-11 的界面，然后输入字母 3 后按回车键，出现设置邮箱的文件夹界面，如图 10-19 所示。

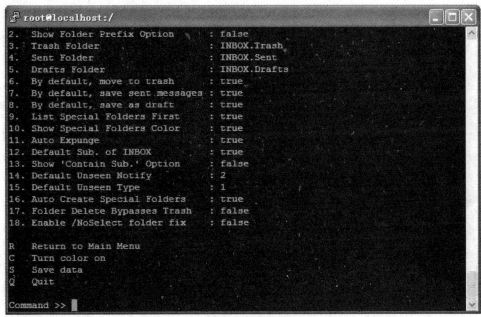

图 10-19　设置邮箱的文件夹界面

输入数字 3 后按回车键，出现设置垃圾邮箱文件夹，如图 10-20 所示。

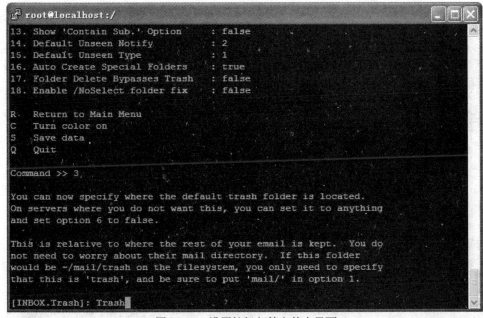

图 10-20　设置垃圾邮箱文件夹界面

输入 Trash 后按回车键，返回图 10-20，输入数字 4 后按回车键，出现设置发送邮箱文件夹界面，如图 10-21 所示。

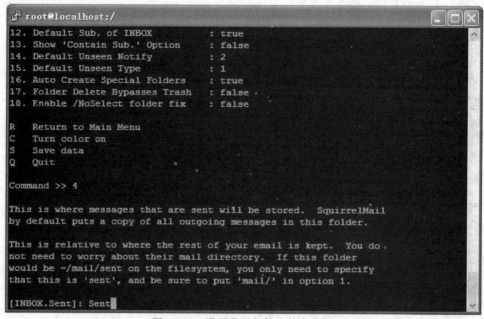

图 10-21　设置发送邮箱文件夹界面

输入 Sent 后按回车键，返回图 10-21，输入数字 5 后按回车键，出现设置草稿邮箱文件夹界面，如图 10-22 所示。

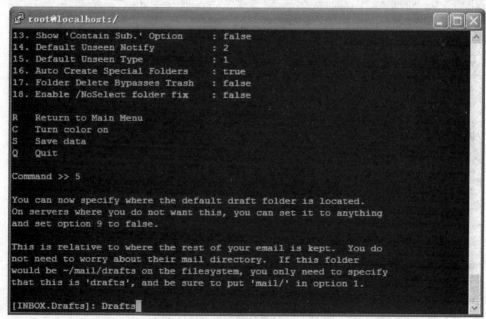

图 10-22　设置草稿邮箱文件夹界面

输入 Drafts 后按回车键，返回图 10-22，输入字母 r 后按回车键，返回图 10-11，输入字母 d 后按回车键，出现设置 IMAP 服务程序设置界面，如图 10-23 所示。

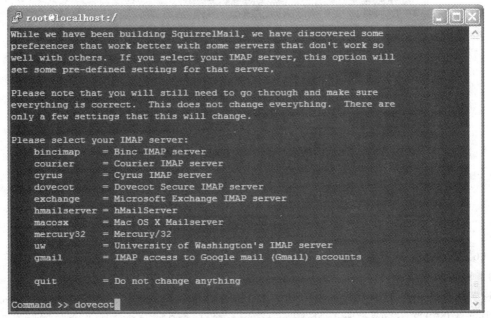

图 10-23　设置 IMAP 服务程序界面

输入 dovecot 后按回车键，返回图 10-11，输入 s 后按回车键，保存设置，再输入 q 后按回车键，退出设置。至此 squirrelmail 的设置全部完成。

3）软件测试。

在浏览器的地址栏输入 http://192.168.7.250/squirrelmail/index.php，出现如图 10-24 所示的界面。

图 10-24　squirrelmail 登录界面

在文本框中输入用户邮箱和密码,单击"登录"按钮,出现用户邮箱,如图 10-25 所示。

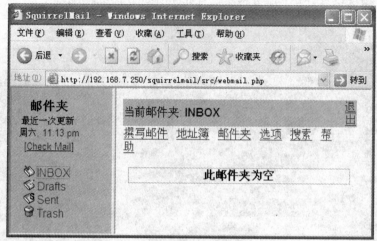

图 10-25　用户邮箱

(6) 邮件服务器的安全配置。

1) 设置防火墙。

设置防火墙允许 TCP 协议的 25、80、110 和 143 端口建立连接,在/etc/sysconfig/iptables 文件中"-A INPUT -m state --state NEW -m tcp -p tcp --dport 22 -j ACCEPT"之前增加下面的五行内容,然后用"service iptables restart"命令重新启动防火墙。

```
-A INPUT -m state --state NEW -m tcp -p tcp --dport 80 -j ACCEPT
-A INPUT -m state --state NEW -m tcp -p tcp --dport 25 -j ACCEPT
-A INPUT -m state --state NEW -m tcp -p tcp --dport 110 -j ACCEPT
-A INPUT -m state --state NEW -m tcp -p tcp --dport 143 -j ACCEPT
-A INPUT -m state --state NEW -m tcp -p tcp --dport 53 -j ACCEPT
```

2) 设置 selinux。

下面设置 selinux,主要将 httpd_can_sendmail、allow_ypbind、httpd_can_network_connect 三个策略标签设置为 on,然后将 selinux 设为 enforcing 模式。

```
[root@localhost home]# setsebool -P  httpd_can_sendmail on          #允许 Apache 运行 Sendmail
[root@localhost home]# setsebool -P  allow_ypbind on                #允许系统使用 NIS
[root@localhost home]# setsebool -P  httpd_can_network_connect on   #允许 httpd 进程访问网络
[root@localhost home]# setenforce 1                                 #将 selinux 设置为 enforcing 模式
```

3. 基于 postfix 邮件服务器并且支持病毒和垃圾邮件扫描的安装

要求:Web 界面的后台管理软件 postfixadmin;Web 界面的客户端软件 squirrelmail;SMTP 的程序使用 postfix;支持用户认证;支持虚拟域;支持虚拟用户,用户信息存储在 mysql 数据库中,邮件服务器的 IP 地址为 192.168.7.250,创建两个域,域名为 test2.cqdd.cn,其 IP 地址为 192.168.7.250;域名为 test3.cqdd.cn,其 IP 地址为 192.168.7.249,支持病毒邮件和垃圾邮件扫描。

(1) 软件的安装。

postfixadmin、squirrelmail、postfix、mysql、域名解析等软件的安装与前面一个实例一样,下面安装病毒邮件和垃圾邮件扫描的相关文件,首先安装系统自带的软件包,步骤如下:

```
[root@localhost home]#yum install perl-File-Temp
[root@localhost home]#yum install perl-MailTools
[root@localhost home]#yum install perl-Time-HiRes
[root@localhost home]#yum install perl-Compress-Raw-Zlib
[root@localhost home]#yum install perl-ExtUtils-MakeMaker
[root@localhost home]#yum install perl-ExtUtils-ParseXS
[root@localhost home]#yum install perl-Test-Harness
[root@localhost home]#yum install perl-Test-Simple
[root@localhost home]#yum install perl-devel
[root@localhost home]#yum install perl-Net-LibIDN
[root@localhost home]#yum install perl-Net_SSLeay
[root@localhost home]#yum install perl-Net-SSLeay
[root@localhost home]#yum install perl-Socket6
[root@localhost home]#yum install perl-URI.noarch
[root@localhost home]#yum install lzo
[root@localhost home]#yum install perl-Crypt-OpenSSL-Bignum
[root@localhost home]#yum install perl-Crypt-OpenSSL-Random
[root@localhost home]#yum install perl-Digest-SHA
[root@localhost home]#yum install perl-Encode-Detect
[root@localhost home]#yum install perl-HTML-Tagset
[root@localhost home]#yum install perl-IO-Compress-Base
[root@localhost home]#yum install perl-IO-Compress-Zlib
[root@localhost home]#yum install perl-IO-Socket-INET6.noarch
[root@localhost home]#yum install perl-IO-Socket-SSL.noarch
[root@localhost home]#yum install perl-IO-Zlib perl-NetAddr-IP
[root@localhost home]#yum install perl-Package-Constants
[root@localhost home]#yum install perl-libwww-perl.noarch
[root@localhost home]#yum install procmail
[root@localhost home]#yum install lzop
[root@localhost home]#yum install ncompress
[root@localhost home]#yum install perl-Archive-Tar
[root@localhost home]#yum install perl-Crypt-OpenSSL-RSA
[root@localhost home]#yum install perl-Digest-HMAC.noarch
[root@localhost home]#yum install perl-Digest-SHA1
[root@localhost home]#yum install perl-Mail-DKIM.noarch
[root@localhost home]#yum install perl-Net-DNS
[root@localhost home]#yum install spamassassin
```

在 http://pkgs.repoforge.org/ 网站下载软件包，保存到目录/home 下，然后用 Yum 命令进行安装，步骤如下：

```
[root@localhost home]#yum install /home/perl-Net-Server-0.99-1.el6.rf.noarch.rpm
[root@localhost home]#yum install /home/altermime-0.3.10-1.el6.rf.x86_64.rpm
[root@localhost home]#yum install /home/arc-5.21p-1.el6.rf.x86_64.rpm
[root@localhost home]#yum install /home/cabextract-1.4-1.el6.rf.x86_64.rpm
[root@localhost home]#yum install /home/freeze-2.5.0-3.el6.rf.x86_64.rpm
```

```
[root@localhost home]#yum install /home/lha-1.14i-19.2.2.el6.rf.x86_64.rpm
[root@localhost home]#yum install /home/nomarch-1.4-1.el6.rf.x86_64.rpm
[root@localhost home]#yum install /home/p7zip-9.20.1-1.el6.rf.x86_64.rpm
[root@localhost home]#yum install /home/perl-Archive-Zip-1.30-1.el6.rfx.noarch.rpm
[root@localhost home]#yum install /home/perl-BerkeleyDB-0.43-1.el6.rf.x86_64.rpm
[root@localhost home]#yum install /home/perl-Convert-BinHex-1.119-2.2.el6.rfx.noarch.rpm
[root@localhost home]#yum install /home/perl-IO-stringy-2.110-1.2.el6.rfx.noarch.rpm
[root@localhost home]#yum install /home/perl-MIME-tools-5.502-2.el6.rfx.noarch.rpm
[root@localhost home]#yum install /home/perl-Convert-TNEF-0.18-1.el6.rf.noarch.rpm
[root@localhost home]#yum install /home/perl-Convert-UUlib-1.34-1.el6.rf.x86_64.rpm
[root@localhost home]#yum install /home/perl-File-Temp-0.22-2.el6.rfx.noarch.rpm
[root@localhost home]#yum install /home/perl-File-Temp-0.22-2.el6.rfx.noarch.rpm
[root@localhost home]#yum install /home/perl-Unix-Syslog-1.1-1.el6.rf.x86_64.rpm
[root@localhost home]#yum install /home/ripole-0.2.0-1.2.el6.rf.x86_64.rpm
[root@localhost home]#yum install /home/ripole-devel-0.2.0-1.2.el6.rf.x86_64.rpm
[root@localhost home]#yum install /home/unarj-2.63-0.a.2.el6.rf.x86_64.rpm
[root@localhost home]#yum install /home/unrar-4.2.3-1.el6.rf.x86_64.rpm
[root@localhost home]#yum install /home/zoo-2.10-2.2.el6.rf.x86_64.rpm
[root@localhost home]#yum install /home/clamav-db-0.97.7-1.el6.rf.x86_64.rpm
[root@localhost home]#yum install /home/clamav-0.97.7-1.el6.rf.x86_64.rpm
[root@localhost home]#yum install /home/clamd-0.97.7-1.el6.rf.x86_64.rpm
[root@localhost home]#yum install /home/amavisd-new-2.8.0-1.el6.rf.x86_64.rpm
[root@localhost home]#yum install /home/perl-Convert-TNEF-0.18-1.el6.rf.noarch.rpm
[root@localhost home]#yum install /home/amavisd-new-2.8.0-1.el6.rf.x86_64.rpm
[root@localhost home]#yum install /home/amavisd-new-snmp-2.8.0-1.el6.rf.x86_64.rpm
```

（2）扫描病毒邮件和垃圾邮件的相关配置。

1）postfix 服务器的配置。

其中配置文件/etc/postfix/main.cf 和/etc/postfix/master.cf 两个文件要修改。

在/etc/postfix/main.cf 文件的最后增加两行，内容如下：

```
soft_bounce = yes                #原本应该退信的动作，会改成将邮件放回队列，等待下次递送
content_filter = smtp-amavis:[127.0.0.1]:10024      #将过滤的邮件传送到本机的 10024 端口
```

在/etc/postfix/main.cf 文件的最后增加下面的几行内容，主要功能是过滤垃圾邮件的相关服务，内容如下：

```
smtp-amavis unix      -     n     -     2     smtp
  -o smtp_data_done_timeout=1200              #设置邮件传输的超时时间
  -o smtp_send_xforward_command=yes           #设置支持非标准 xforward 命令
  -o disable_dns_lookups=yes                  #设置不查询 DNS
127.0.0.1:10025 inet n     -     n     -     -     smtpd
  -o content_filter=                          #设置过滤内容的规则
  -o local_recipient_maps=                    #设置未知的用户映射表
  -o relay_recipient_maps=                    #设置丢弃不存在的用户的邮件，空为接收所有邮件
  -o smtpd_restriction_classes=               #设置访问限制的组中的用户定义别名
  -o smtpd_client_restrictions=               #设置客户端以及其他服务器对本邮件服务器的连接
  -o smtpd_helo_restrictions=                 #验证握手信息是否符合要求
```

```
            -o smtpd_sender_restrictions=                    #设定发信人地址必须符合的规则
            -o smtpd_recipient_restrictions=permit_mynetworks,reject    #设置邮件过滤的规则
            -o mynetworks=127.0.0.0/8              #为了避免来自远程主机的滥用，邮件传输服务器后台
程序将只允许客户从 127.0.0.0/8 中继邮件
            -o strict_rfc821_envelopes=yes         #邮件地址要求严格遵守 rfc821 协议
            -o smtpd_error_sleep_time=0            #设置系统缓冲处理的时间间隔
            -o smtpd_soft_error_limit=1001         #SMTP 服务所允许的软错误次数
            -o smtpd_hard_error_limit=1000         #SMTP 服务所允许的硬错误次数
```

注意：上面的每一行以-o 开头的行必须要有一个空格。

2）垃圾邮件扫描引擎 amavisd 的配置

amavisd 的配置文件/etc/amavisd.conf，修改以下的内容，黑体字的选项为修改后的，其他介绍的选项是以后对扫描引擎的调试需要修改的，配置如下：

```
        $max_servers = 2;           #指定 amavisd 启动时启动的服务进程数，这个参数与 postfix 中 master.cf 中
                                    的 smtp-amavis unix -    -    n    -    2    smtp 的数字 2 一致
        $mydomain = 'test2.cqdd.cn';    #根据自己邮件域的实际情况设置
        @local_domains_maps = ( [".$mydomain"] ); #如果 postfix 配置为多域的邮箱，需要将所有的域加入
                                    虚拟域，否则虚拟域不能 anti-spam
        $inet_socket_port = 10024;  #定义监听端口，与/etc/main.cf 中 content-filter 参数中一致
        $sa_tag_level_deflt = 2.0;  #超过这个分数标准者，才视为垃圾邮件打分数
        $sa_tag2_level_deflt = 4.2; #超过这个分数标准者，才允许在邮件标题加入 Spam 信息
        $sa_kill_level_deflt = 8.9; #超过这个分数标准者，就直接将信件备份后删除
        $sa_dsn_cutoff_level = 10;  #超过这个分数标准者，就直接将信件备份后删除
        $sa_mail_body_size_limit = 400*1024;   #超过某个特定大小的邮件就不经过 spamassassin 的扫描
        read_hash(\%whitelist_sender,'/var/amavis/whitelist');      #定义白名单的文件
        read_hash(\%blacklist_sender,'/var/amavis/blacklist');      #定义黑名单的文件
        $virus_admin            = "virusalert\@$mydomain";      #定义垃圾邮件的管理员邮箱
        $sa_spam_subject_tag = '***Spam*** ';    #在已判定的垃圾邮件的标题加上标记
        $final_spam_destiny     = D_PASS;    #配置垃圾邮件处理方式，D_PASS 不做任何处理，直接传
送给收件人
#下面的配置是 amavis 调用病毒扫描程序 clamd 的配置部分，需要删除 4 行的注释符
         ['ClamAV-clamd',
           \&ask_daemon, ["CONTSCAN {}\n", "/var/run/clamav/clamd.sock"],
           qr/\bOK$/m, qr/\bFOUND$/m,
           qr/^.*?: (?!Infected Archive)(.*) FOUND$/m ],
```

3）病毒扫描软件 clamd 的配置。

病毒扫描软件 clamd 的配置文件/etc/clamd.conf，删除下面一行前面的注释，其他配置内容使用默认值。

```
            ############## HTML ################
            ScanHTML yes
```

4）垃圾扫描软件 Spamassassin 的配置。

将 Spamassassin 的配置文件/etc/mail/spamassassin/v310.pre 中下面一行的注释删除。

```
            loadplugin Mail::SpamAssassin::Plugin::TextCat
```

Spamassassin 的配置文件/etc/mail/spamassassin/local.cf 文件的内容如下：

```
required_hits 5              //得分多少以上就会被判定为垃圾邮件
report_safe 0                //垃圾邮件处理方式，0 表示将信息写入邮件表头
rewrite_header Subject [SPAM] //在垃圾邮件的标题中增加[SPAM]信息
use_bayes 1                  //使用贝叶斯学习系统
auto_learn 1                 //开启贝叶斯自动学习功能
skip_rbl_checks 1            //开启 RBLs 检查
use_razor2 0                 //关闭 razor2
use_dcc 0                    //关闭 dcc(Distributed Checksum Clearinghouse)
use_pyzor 0                  //关闭 pyzor
ok_languages zh en
ok_locales zh en
//下面的设置是防止中文邮件和中文收件者误判
score HEADER_8BITS 0
score HTML_COMMENT_8BITS 0
score SUBJ_FULL_OF_8BITS 0
score UPPERCASE_25_50 0
score UPPERCASE_50_75 0
score UPPERCASE_75_100 0
score NO_REAL_NAME 4.000
score SPF_HELLO_FAIL 10.000
score SPF_FAIL 10.000
score BAYES_99 4.300
score BAYES_90 3.500
score BAYES_80 3.000
//设置本地域名和 IP 地址
header_FROM_TEATIME Received=~/from mail.test2.cqdd.cn/i
header_FROM_TEATIME_IP Received=~/[192.168.7.250]/
//丢弃 mail.test2.cqdd.cn 服务器解析的 IP 地址和域名不匹配的邮件
meta FROM_TEATIME_BUT_IP_ERROR From mail.test2.cqdd.cn but ip not match
score FROM_TEATIME_BUT_IP_ERROR 8
```

在 www.ccert.edu.cn/spam/sa/地址下载垃圾邮件过滤规则定义文件 Chinese_rules.cf，将 Chinese_rules.cf 文件拷贝到/usr/share/spamassassin/目录下。因为 Chinese_rules.cf 文件的更新比较频繁，可以让系统每天自动更新，配置步骤如下：

```
[root@localhost home]#crontab -e
0  0  *  *  *  wget -N -P /usr/share/spamassassin www.ccert.edu.cn/spam/sa/Chinese_rules.cf; /etc/init.d/spamd restart
```

注意：上面的内容是在同一行，中间没有换行。

在 test2.cqdd.cn 域创建一个垃圾邮件扫描所使用的邮箱，邮箱地址为 virusalert@test2.cqdd.cn。

（3）selinux 的配置。

```
[root@mail home]# setsebool -P clamscan_can_scan_system on
[root@mail home]# setsebool -P spamd_enable_home_dirs on
```

（4）测试。

下面进行邮件服务器的垃圾邮件扫描与病毒扫描的测试，首先用 test@test2.cqdd.cn 用户登录邮件服务器发送邮件，垃圾邮件的内容如图 10-26 所示。

第十章 邮件服务器的安装与配置

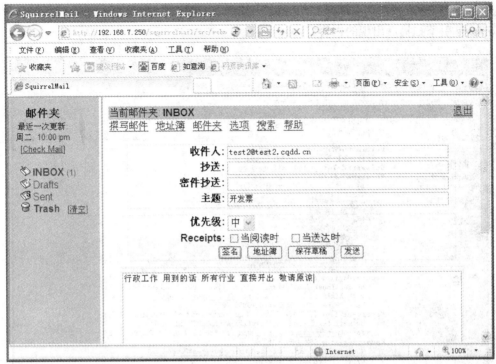

图 10-26 发送垃圾邮件界面

用 test2@test2.cqdd.cn 用户登录邮件服务器接收邮件，邮件标题增加了标签如图 10-27 所示。

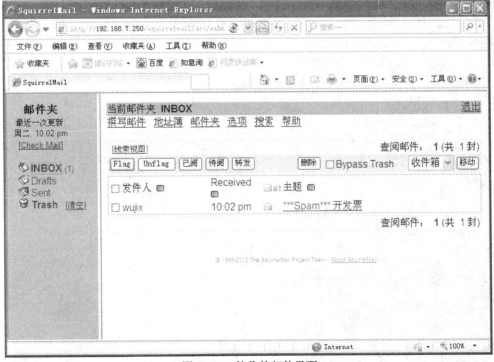

图 10-27 接收的邮件界面

打开邮件，然后单击"显示全部邮件头"连接，出现如图 10-28 所示内容，其中选择的内容为 amavis 引擎扫描后出现的内容。

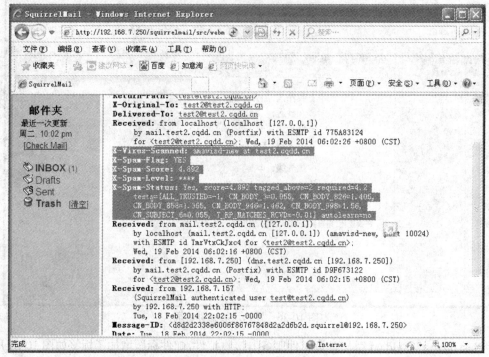

图 10-28　邮件的头部信息

第十一章 防火墙的安装与配置

一、实训目的

了解防火墙的工作原理；熟悉防火墙的配置文件；掌握 iptables 命令的常用方法，能够配置常见的防火墙。

二、工作原理

Linux 防火墙的核心是 Netfilter，Netfilter 采用模块化设计，具有良好的可扩展性。利用 iptables 连接到 Netfilter 的架构中，并允许使用者设定规则对数据包进行过滤、地址转换等操作。

1. 协议栈机制

网络层数据包流向示意图如图 11-1 所示。

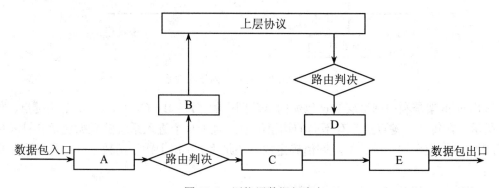

图 11-1 网络层数据包流向

收到的每个数据包都从"A"点进来，经过路由判决，如果是发送给本机的就经过"B"点，然后送往协议栈的上层继续传递；否则，如果该数据包的目的地不是本机，那么就经过"C"点，然后沿着"E"点将该包转发出去。

对于发送的每个数据包，首先也有一个路由判决，以确定该包是从哪个接口出去，然后经过"D"点，最后也是沿着"E"点将该包发送出去。

协议栈的 5 个关键点 A、B、C、D 和 E 就是 Netfilter 对 IP 数据包进行控制的节点。

2. Netfilter/iptables 介绍

Netfilter/iptables 由两个组件 Netfilter 和 iptables 组成。Netfilter 组件工作于内核空间，是内核的一部分，由一组包过滤表组成，这些表包含内核用来控制信息包过滤处理的规则集。iptables 组件是一个工具，工作于用户空间。它使插入、修改和除去信息包过滤表中的规则变得容易。

Netfilter 是一个子系统，它作为一个通用的、抽象的框架，提供一整套钩子函数的管理机制，使得数据包过滤、网络地址转换（NAT）和基于协议类型的连接跟踪成为了可能。Netfilter 在内核中位置如图 11-2 所示。图 11-2 很直观地反映了用户空间的 iptables 和内核空间的基于

Netfilter 的 ip_tables 模块之间的关系及其通信方式，以及 Netfilter 在这其中所扮演的角色。

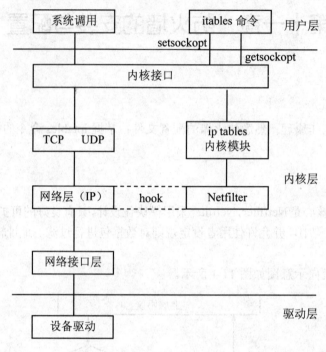

图 11-2　Netfilter 与系统内核的关系

Netfilter 框架是利用网络层数据包流向示意图中的 "A、B、C、D、E" 5 个关键点，如图 11-3 所示。在每个关键点上都有不同的钩子函数。对于每个进入系统的数据包都会被相应的钩子函数检查，根据钩子函数的返回值确定放行还是丢弃。每个钩子函数返回值是下面列出的值之一：

- NF_ACCEPT：继续正常传输数据包。
- NF_DROP：丢弃该数据包，不再传输。
- NF_STOLEN：模块接管该数据包，不要继续传输该数据包。
- NF_QUEUE：对该数据包进行排队（通常用于将数据包给用户空间的进程进行处理）。
- NF_REPEAT：再次调用该回调函数。

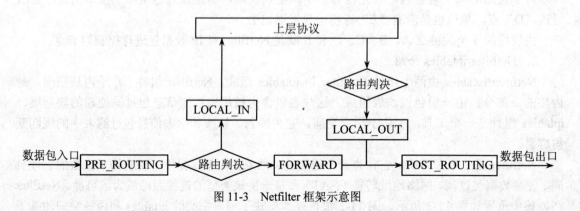

图 11-3　Netfilter 框架示意图

三、iptables 命令介绍

iptables 是用来设置、维护和检查 Linux 内核的 IP 包过滤规则的。可以定义不同的表，每个表都包含几个内部的链，也能包含用户定义的链。每个链都是一个规则列表，对对应的数据包进行匹配；每条规则指定应当如何处理与之相匹配的数据包，这被称作'target'，也可以跳向同一个表内的用户定义的链。

iptables 基本的语法结构如下：

iptables [-t table] COMMAND [chain] [OPTIONS] [-j target]

TARGET

说明：防火墙根据规则检查数据包的特征和目标，如果数据包不匹配，将送往该链中下一条规则检查；如果匹配，由目标值确定数据包的处理方式，该目标值可以是用户定义的链名或是某个专用值，如 ACCEPT、DROP、QUEUE 和 RETURN。ACCEPT 表示让该数据包通过；DROP 表示将该数据包丢弃；QUEUE 表示将该数据包传递到用户空间；RETURN 表示停止当前链的匹配，到前一个链的规则重新开始。

TABLE

说明：Netfilter 框架中有 3 个表：filter 是默认的表，只对数据包进行过滤，不对数据包进行修改。包含三个内建的链 INPUT、FORWARD 和 OUTPUT。nat 表被查询时表示遇到了产生新连接的包，包含 3 个内建的链：PREROUTING、OUTPUT、POSTROUTING。mangle 表用来对指定的包进行修改，包含两个内建的链：PREROUTING 和 OUTPUT。TABLE 通过"-t table"设置。

COMMAND

说明：指定执行的命令，具体的命令如下：

-A 或--append

在所选择的链末添加一条或多条规则。

-D 或--delete

从所选链中删除一条或多条规则。

-R 或--replace

从选中的链中替换一条规则。

-I 或--insert

根据给定的规则序号向所选链中插入一条或多条规则。

-L 或--list

显示所选链的所有规则。

-F 或--flush

清空所选链。

-Z 或--zero

把所有链的包及字节的计数器清空。

-N 或--new-chain

根据给出的名称建立一个新的用户定义链，不能与已有的链同名。

-X -delete-chain

删除指定的用户自定义链。必须保证链中的规则没有被引用。如果没有给出参数，这条命令将试着删除所有的用户自定义链。

-P 或--policy

为永久链指定默认规则。

-E 或--rename-chain

根据用户给出的名字对指定链进行重命名。

-h Help

给出当前命令语法非常简短的说明。

CHAIN

说明：指定链的名称，主要的链有 INPUT、OUTPUT、FORWARD、POSTROUTING、PERROUTING。

OPTIONS

说明以下为选项构成规则，用于 append、delete、insert、replace、flush、zero、policy、list 和 check 等命令。

iptables 的通用选项

-p 或--protocol   [!]protocol

说明：根据规则检查包的协议。指定协议可以是在/etc/protocols 中定义的协议名中的一个或者多个，也可以是协议编号。在协议名之前加上"!"表示除指定协议之外的所有协议。数字 0 相当于所有 all，会匹配所有协议，而且这是缺省时的选项。在与 check 命令结合时，all 可以不被使用。

-s 或--source [!] address[/mask]

说明：指定源地址，可以是主机名、网络名或 IP 地址。mask 可以是网络掩码或 IP 地址前缀。在指定地址前加上"!"表示除指定网段之外的所有网段。标志--src 是这个选项的简写。

-d 或--destination [!] address[/mask]

说明：指定目标地址。标志--dst 是这个选项的简写。

-i 或--in-interface [!] [name]

说明：匹配指定接口或指定类型的接口并设置过滤规则。在接口名前使用"!"表示除指定接口以外的所有接口。如果接口名后面加上"+"，则所有以 name 开头的接口都会被匹配。如果这个选项被忽略，默认为"+"，那么将匹配任意接口。

-o 或--out-interface [!][name]

说明：匹配指定接口或指定类型的接口数据包进入方向设置过滤规则。在接口名前使用"!"表示除指定接口以外的所有接口。如果接口名后面加上"+"，则所有以此接口名开头的接口都会被匹配。如果这个选项被忽略，会假设为"+"，那么将匹配所有任意接口。

[!] -f 或--fragment

说明：每个网络接口都有一个 MTU。如果一个数据包大于这个参数值时，系统会将其划分成更小的数据包来传输，而接收方则对这些 IP 碎片再进行重组以还原整个包。这样会导致一个问题：当系统将大数据包划分成 IP 碎片传输时，第一个碎片含有完整的包头信息(IP+TCP、UDP 和 ICMP)，但是后续的碎片只有包头的部分信息。因此，检查后面的 IP 碎片的头部（如TCP、UDP 和 ICMP）是不可能的，可以通过--fragment/-f 选项来指定第二个及以后的 IP 碎片解决上述问题。在-f 之前加 "!" 表示不检测 IP 碎片。

iptables 的扩展选项

-v --verbose

说明：输出详细信息。

-n --numeric

说明：数字形式输出。

-x -exact

说明：扩展数字。显示包和字节计数器的精确值。这个选项只能用于-L 命令。

--line-numbers

说明：在列表显示规则时，在每个规则的前面加上行号，与该规则在链中的位置相对应。

--to-source ipaddr[-ipaddr][:port[-port]]

说明：修改数据包的源 IP 地址和源端口。只能在指定-p tcp 或者-p udp 的规则中应用。只适用于 NAT 表的 POSTROUTING 链。

--to-destination ipaddr[-ipaddr][:port[-port]]

说明：修改数据包的目的 IP 地址和目的端口。只能在指定-p tcp 或者-p udp 的规则中应用。只能应用于 nat 表中。

--to-ports port[-port]

说明：指定修改的目的端口或目的端口范围，不指定的话，目标端口不会被修改。只能在指定了-p tcp 或-p udp 的规则中应用，target 只能为 REDIRECT、MASQUERADE。只能应用于 nat 表中。

--source-port [!] [port[:port]]

说明：指定源端口或源端口范围。可以是服务名或端口号；也可以是指定的端口范围。如果起始端口号被忽略，默认是 "0"，如果末尾端口号被忽略，默认是 "65535"，如果第二个端口号小于第一个，那么它们会被交换。这个选项可以使用--sport 的别名。只能和-p tcp 或者-p udp 配合使用。

--destionation-port [!] [port:[port]]

说明：指定目的端口或目的端口范围。这个选项可以使用--dport 别名来代替。只能和-p tcp 或者-p udp 配合使用。

--tcp-flags [!] mask comp

说明：匹配指定的 TCP 标记。第一个参数是要检查的标记，一个用逗号分开的列表；第二个参数是用逗号分开的标记表，标记必须被设置。标记如下：SYN ACK FIN RST URG PSH ALL NONE。命令示例：iptables -A FORWARD -p tcp --tcp-flags SYN,ACK,FIN,RST SYN 只匹配那些 SYN 标记被设置而 ACK、FIN 和 RST 标记没有设置的包。只能和-p tcp 配合使用。

[!] --syn

说明：匹配设置了 SYN 位而 ACK 和 FIN 位清零的 TCP 包。这些包用于 TCP 连接初始化时发出请求。这个选项等同于-tcp-flags SYN,RST,ACK SYN。如果 "--syn" 前面有 "!" 表示匹配 SYN 清零，而 ACK 和 FIN 设置为 "1" 的数据包。只能和-p tcp 配合使用。

--tcp-option [!] number

说明：匹配编号为 number 的 TCP 选项。只能和-p tcp 配合使用。

--icmp-type [!] typename

说明：允许指定 ICMP 类型，可以是一个数值型的 ICMP 类型，或者是由命令 iptables -p icmp -h 所显示的 ICMP 类型名。只能和-p icmp 配合使用。

--mac-source [!] address

说明：匹配源 MAC 地址。必须是 XX:XX:XX:XX:XX 这样的格式；它只对来自以太设备并进入 PREROUTING、FORWORD 和 INPUT 链的包有效。

--limit rate

说明：最大平均匹配速率，单位为'/second','/minute','/hour',or '/day'，默认是 3 次/hour。

--limit-burst number

说明：最大突发匹配速率，默认值为 5。

--set-mark mark

说明：设置包的 netfilter 标记值。只适用于 mangle 表。

--mark value [/mask]

说明：匹配 netfilter 过滤器标记字段标记值为 value 的包。

--uid-owner userid

说明：匹配由用户 ID 为 userid 拥有的进程产生的包。只能用于 OUTPUT 链。

--gid-owner groupid

说明：匹配由组 ID 为 groupid 拥有的进程产生的包。只能用于 OUTPUT 链。

--sid-owner seessionid

说明：匹配会话 ID 为 seessionid 的进程产生的包。只能用于 OUTPUT 链。

--state state

说明：state 是一个连接状态列表。可能的值是：INVALID 表示包是未知连接；ESTABLISHED 表示是双向传送的连接；NEW 表示包为新的连接；RELATED 表示包由新连接开始，但是和一个已存在的连接在一起，如 FTP 数据传送，或者一个 ICMP 错误。与连接跟踪结合使用时，允许访问包的连接跟踪状态。

--set-tos tos

说明：设置 IP 包首部的 8 位 tos 值。只能用于 mangle 表。

--tos tos

说明：匹配 IP 包首部的 8 位 tos（服务类型）字段。

--log-level level

说明：设置记录级别。

--log-prefix prefix

说明：在记录信息前加上特定的前缀，前缀最多 14 个字母长，用来和记录中其他信息区别。

--log-tcp-sequence

说明：记录 TCP 序列号。

--log-tcp-options

说明：记录来自 TCP 包头部的选项。

--log-ip-options

说明：记录来自 IP 包头部的选项。

--reject-with type

说明：type 可以是 icmp-net-unreachable、icmp-host-unreachable、icmp-port-unreachable、icmp-proto-unreachable、icmp-net-prohibited、icmp-host-prohibited 或者 icmp-admin-prohibited。选项 echo-reply 也是允许的；它只能用于指定 ICMP ping 包的规则中，生成 ping 的回应。最后，选项 tcp-reset 可以用于在 INPUT 链或 INPUT 链调用的规则，只匹配 TCP 协议，将回应一个 TCP RST 包。此选项只适用于 INPUT、FORWARD 和 OUTPUT 链和调用这些链的用户自定义链。

四、实例配置

要求：公司利用 2M ADSL 专线上网，电信分配公用 IP 为 61.286.170.96/29，网关为 61.286.170.97，公司有电脑 50 多台，使用 DHCP，IP 是 192.168.2.1/24，DHCP Server 安装在三层交换机上；防火墙有两块网卡 eth0 和 eth1，eth0 为外网接口，IP 地址为 61.86.170.99，eth1 为内网接口，IP 地址为 192.168.1.1/30；另公司有一电脑培训中心，使用指定固定 IP 地址，IP 地址范围是 192.168.20.0/24，为了更加快速的浏览网页，在防火墙上安装 Squid Server，所有电脑通过 Squid Server 浏览网页；公司还另有一台 Web Server+Mail Server+Ftp Server。其公网 IP 地址为 61.286.170.98，内网 IP 地址为 192.168.20.254。三层交换机上划分两个 vlan，防火墙与三层交换机的连接使用路由方式。以上电脑和服务器要求全架在防火墙内。

1. 网络拓扑

网络拓扑结构如图 11-4 所示。

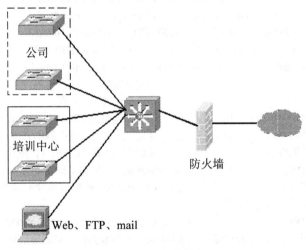

图 11-4 网络拓扑图

2. 防火墙的配置步骤

防火墙规则文件/etc/sysconfig/iptables 文件的内容如下：

```
echo  "1" > /proc/sys/net/ipv4/ip_forward    #打开 IP 包转发开关
*filter                                       #定义内建表 filter 表
:INPUT DROP [0:0]                             #定义内建链 INPUT，默认规则为 DROP
:FORWARD DROP [0:0]                           #定义内建链 FORWARD，默认规则为 DROP
```

:OUTPUT ACCEPT [0:0]   #定义内建链 FORWARD，默认规则为 ACCEPT
-A INPUT -p tcp -m tcp --dport 22 -j ACCEPT   #允许用 ssh 连接本防火墙
-A FORWARD -o eth1 -p tcp -m tcp --dport 25 -j ACCEPT   #允许目的端口为 25 的 TCP 建立连接
-A FORWARD -o eth1 -p tcp -m tcp --dport 80 -j ACCEPT   #允许目的端口为 80 的 TCP 建立连接
-A FORWARD -o eth1 -p tcp -m tcp --dport 110 -j ACCEPT   #允许目的端口为 110 的 TCP 建立连接
-A FORWARD -o eth1 -p tcp -m tcp --dport 143 -j ACCEPT   #允许目的端口为 143 的 TCP 建立连接
-A FORWARD -m state --state RELATED,ESTABLISHED -j ACCEPT
#允许已经建立 TCP 连接的后续的数据包通过
COMMIT   #提交策略
*mangle   #定义内建表 mangle 表
:PREROUTING ACCEPT [0:0]   #定义内建链 PREROUTING，默认规则为 ACCEPT
:INPUT ACCEPT [0:0]   #定义内建链 INPUT，默认规则为 ACCEPT
:FORWARD ACCEPT [0:0]   #定义内建链 FORWARD，默认规则为 ACCEPT
:OUTPUT ACCEPT [0:0]   #定义内建链 OUTPUT，默认规则为 ACCEPT
:POSTROUTING ACCEPT [0:0]   #定义内建链 POSTROUTING，默认规则为 ACCEPT
#下面的规则是设置不同数据包的 TOS 值
-A PREROUTING -p tcp -m tcp --sport 20 -j TOS --set-tos 0x08/0xff
-A PREROUTING -p tcp -m tcp --sport 22 -j TOS --set-tos 0x10/0xff
-A PREROUTING -p tcp -m tcp --sport 23 -j TOS --set-tos 0x10/0xff
-A OUTPUT -o eth0 -p tcp -m tcp --dport 20 -j TOS --set-tos 0x08/0xff
-A OUTPUT -o eth0 -p tcp -m tcp --dport 22 -j TOS --set-tos 0x08/0xff
-A OUTPUT -o eth0 -p tcp -m tcp --dport 80 -j TOS --set-tos 0x08/0xff
-A OUTPUT -o eth0 -p tcp -m tcp --dport 21 -j TOS --set-tos 0x10/0xff
-A OUTPUT -o eth0 -p tcp -m tcp --dport 25 -j TOS --set-tos 0x10/0xff
-A OUTPUT -o eth0 -p tcp -m tcp --dport 53 -j TOS --set-tos 0x10/0xff
-A OUTPUT -o eth0 -p udp -m udp --dport 53 -j TOS --set-tos 0x10/0xff
-A OUTPUT -o eth0 -p tcp -m tcp --dport 110 -j TOS --set-tos 0x10/0xff
-A OUTPUT -o eth0 -p tcp -m tcp --dport 143 -j TOS --set-tos 0x10/0xff
COMMIT   #提交策略
*nat   #定义内建表 nat 表
:PREROUTING ACCEPT [0:0]   #定义内建链 PREROUTING，默认规则为 ACCEPT
:POSTROUTING ACCEPT [0:0]   #定义内建链 POSTROUTING，默认规则为 ACCEPT
:OUTPUT ACCEPT [0:0]   #定义内建链 OUTPUT，默认规则为 ACCEPT
-A PREROUTING -p tcp -d 61.186.170.98 --dport 80 -j DNAT --to-destination 192.168.20.254:80
#将目的 IP 地址转换，即将目的地址为 61.286.170.98 端口为 80 的数据包的目的地址修改为 192.168.20.254 端口修改为 80
-A PREROUTING -p tcp -s 192.168.0.0/16 -j SNAT --to-source 61.286.170.98:1024-65535
#将源 IP 地址转换，即将源地址为 192.168.0.0/16 的数据包的目的地址修改为 61.286.170.98，源端口改写端口范围为 1024-65535 内的一个未被使用的端口
-A POSTROUTING -s 192.168.0.0/16 -p tcp --dport 80 -j REDIRECT --to-ports 3128
#将 192.168.0.0/16 网段访问外网的端口为 80 的数据包重定向到IP地址为 61.186.170.99 主机的 3128 端口，此条命令使客户端浏览器不用设置代理服务器的地址
COMMIT   #提交策略

第十二章　代理服务器的安装与配置

一、实训目的

了解代理服务的工作原理；熟悉代理服务的配置文件；掌握代理服务的各种配置。

二、工作原理

1. 代理服务器的工作原理

代理服务器是建立在 TCP/IP 协议应用层上的一种服务软件，是以 HTTP 协议为基础的。工作原理是：当客户在浏览器中设置好代理服务器选项后，使用浏览器访问所有 WWW 站点的请求都不会直接发给目的主机，而是先发给代理服务器，代理服务器接收了客户的请求以后，查看缓冲区有没有用户请求的数据，如果有，则直接将数据发给用户；如果没有，则由代理服务器向目的主机发出请求，并接收目的主机的数据，存于代理服务器的硬盘中，然后再由代理服务器将客户请求的数据发给客户。

它的主要作用有以下几点：

（1）共享网络。
（2）加快访问速度，节约通信带宽。
（3）防止内部主机受到攻击。
（4）限制用户访问，完善网络管理。

2. 代理服务器的分类

代理服务器分为普通代理服务器、透明代理服务器和反向代理服务器。

普通代理服务器是指标准的、传统的代理服务，需要客户机在浏览器中指定代理服务器的地址和端口。

透明代理服务器是指客户机不需要指定代理服务器地址和端口等信息，在代理服务器上设置数据包重定向策略将客户机的 Web 访问数据重定向到代理服务器的代理服务。

反向代理服务器是指代理服务器接收 Internet 上的用户请求，然后将请求转发给内部网络上的服务器，将内部网络上的服务器发送过来的数据保存于代理服务器上，同时将此数据返回给 Internet 上请求连接的客户端。

三、软件安装

在安装 squid rpm 包之前用 yum list installed |grep squid 查看一下 Samba 软件是否安装。如果没有安装，可以用 Yum 命令进行安装，Yum 命令安装时会找出 squid 的依赖软件包 perl-DBI，然后提示用户是否安装，如果用户回答"y"，则会安装 squid 和它所依赖的所有软件。安装过程如下：

```
[root@localhost ~]# yum install squid
```

四、配置语法

http_port 3128
说明：设置默认监听端口，可以改变 IP 与监听端口。

cache_mem 64 MB
说明：设置缓存大小，一般情况下建议将物理内存的 1/3 划给它。

maximum_object_size 4096 KB
说明：设置最大缓存对象。

reply_body_max_size 10240000 allow all
说明：设置访问控制规则，对响应数据做限定，如果把这个值设定为 0 就表示不做限定。

access_log /var/log/squid/access.log squid
说明：设置访问日志。

visible_hostname proxy.test.com
说明：设置主机名，默认配置为空，建议设定，否则影响 squid 启动。

cache_dir ufs /var/spool/squid 1024 16 256
说明：设置缓存文件存放位置，ufs 是文件系统类型，1024 指定缓存目录大小，单位是 MB；16 缓存空间一级子目录个数；256 指缓存空间的二级子目录个数。

cache_mgr root@test.com
说明：设置服务器管理员邮箱。

cache_effective_user squid
说明：设置在执行完需要特别权限的任务后，变成用户，此选项应用时，启动 squid 的用户必须是 root 账户。

cache_effective_group squid
说明：设置在执行完需要特别权限的任务后，变成用户，此选项应用时，启动 squid 的用户必须是 root 账户。

error_directory /usr/share/squid/errors/Simplify_Chinese
说明：设置错误信息显示为中文，squid 错误信息支持多种语言。

http_access allow localhost

http_access deny all

说明：访问控制策略。在没有设置任何规则时，将拒绝所有客户端的访问请求；有规则但是找不到相匹配的项时，将采取与最后一条规则相反的规则，即如果最后一条规则是 allow，那么就拒绝客户端的请求，否则允许该请求。

（1）acl 简介。

说明：访问控制列表，可以从客户机的 IP 地址、请求访问的 URL/域名/文件类型/访问时间/并发请求等方面进行控制。ACL 的格式：

acl 列表名称 列表类型 列表内容

常用的 acl 列表类型如下：

src 基于客户端 IP 地址做控制。

dst 基于访问目的 IP 做控制。

srcdomain 基于域名的源地址解析。
port 基于端口控制。
proto 基于协议类型做控制。
browser 对浏览器的做控制。
time 基于时间做控制，time 时间控制时，前一个时间点要小于后一个时间点。
proxy_auth 对用户进行认证选项。
maxconn 最大并发连接数。
url_regex [-i] 匹配统一资源定位的正则表达式，-i 不区分大小写。
urlpath_regex [-i] 匹配统一资源定位的正则表达式，-i 不区分大小写，传输协议和主机名不包含在匹配条件里。

（2）正则表达式简介。

正则表达式功能用以匹配字符串的开头或结尾。

"^"字符是特殊元字符，它匹配行或字符串的开头：如^http://。

"."字符也是特殊元字符，它是匹配任意单个字符的通配符，可以用反斜杠对这个"."进行转义。

"$"也是特殊的元字符，因为它匹配行或字符串的结尾，如\.jpg$，该正则表达式匹配以.jpg 结尾的任意字符串。

如果不使用^或$字符，正则表达式的行为就像标准子符串搜索。

（3）认证选项。

auth_param {basic|negotiate|ntlm|digest} program /path/authfile /path/passwdfile
说明：设置认证方式、认证文件和用户密码文件。

auth_param {basic|negotiate|ntlm|digest} children *number*
说明：设置认证程序的进程数。

auth_param {basic|digest} realm Squid proxy-caching web server
说明：设置代理服务器的名称。

auth_param basic credentialsttl *timetolive*
说明：设置认证有效时间。

auth_param {ntlm|negotiate} keep_alive on
说明：设置是否保持连接。

auth_param digest nonce_garbage_interval timeinterval
说明：squid 每隔多久清空 nonce 缓存。

auth_param digest nonce_max_duration timeinterval
说明：设置每个 nonce 值保持多长时间的有效期。

auth_param digest nonce_max_count timetolive
说明：nonce 值可使用次数的最大值。

五、实例配置

1. 传统代理服务器

要求：配置传统代理服务器，代理服务器的内网网卡为 192.168.7.2，只有 IP 地址为

192.168.7.0/24 的用户可以上网，具有通过 MD5 方式进行认证的功能，用户必须通过认证才能上网。对客户端进行设置。

（1）用户认证文件。

编辑 /usr/etc/digpass 文件，步骤如下：

```
[root@localhost 00]#touch /usr/etc/digpass
[root@localhost 00]#vi /usr/etc/digpass
user1   123456
user2   123321
user3   121212
```

密码文件的第一列为用户名，第二列为第一列用户所对应的密码。例如，用户 user1 的密码为 123456。

（2）配置文件。

```
[root@localhost 00]#   more /etc/squid/squid.conf
acl manager proto cache_object
acl localhost src 127.0.0.1/32 ::1
acl to_localhost dst 127.0.0.0/8 0.0.0.0/32 ::1
acl localnet src 192.168.7.0/24
acl SSL_ports port 443
acl Safe_ports port 80          # http
acl Safe_ports port 21          # ftp
acl Safe_ports port 443         # https
acl Safe_ports port 70          # gopher
acl Safe_ports port 210         # wais
acl Safe_ports port 1025-65535  # unregistered ports
acl Safe_ports port 280         # http-mgmt
acl Safe_ports port 488         # gss-http
acl Safe_ports port 591         # filemaker
acl Safe_ports port 777         # multiling http
acl CONNECT method CONNECT
http_access allow manager localhost
http_access deny manager
http_access deny !Safe_ports
http_access deny CONNECT !SSL_ports
auth_param digest program /usr/lib64/squid/digest_pw_auth /usr/etc/digpass  //配置认证文件和用户文件
auth_param digest children 5                             //指定认证程序的进程数
auth_param digest realm Squid proxy-caching web server   //提供 Web 方式的认证界面
auth_param digest nonce_garbage_interval 5 minutes       //清除 nonce 缓存的时间间隔
auth_param digest nonce_max_duration 30 minutes          //客户端与 squid 保持 nonce 连接最长时效，超过后重新验证
auth_param digest nonce_max_count 50                     //对 nonce 可使用 50 个请求
acl wwww proxy_auth REQUIRED                             //定义已认证的客户端
```

http_access allow wwww		//放行认证客户端
visible_hostname mail.test2.cqdd.cn		//定义主机名称

```
http_access allow localnet
http_access allow localhost
http_access deny all
http_port 3128
hierarchy_stoplist cgi-bin ?
cache_dir ufs /var/spool/squid 1000 16 256
cache_mem   512 MB
coredump_dir /var/spool/squid
refresh_pattern ^ftp:           1440    20%     10080       #过期校验
refresh_pattern ^gopher:        1440    0%      1440
refresh_pattern -i (/cgi-bin/|\?)  0    0%      0
refresh_pattern .               0       20%     4320
```

（3）开启 IP 转发开关。

编辑/etc/sysctl.conf 文件，将 net.ipv4.ip_forward 项的值设置为"1"，配置内容如下：

```
net.ipv4.ip_forward = 1
[root@localhost ~]#sysctl   -p            #加载修改后的参数
```

（4）客户端的配置。

IE 浏览器的代理服务器的设置步骤如下：

打开 IE 浏览器，选择"工具"菜单中的"Internet 选项"菜单，出现"Internet 选项"对话框，在"Internet 选项"对话框中选择"连接"选项卡，如图 12-1 所示。

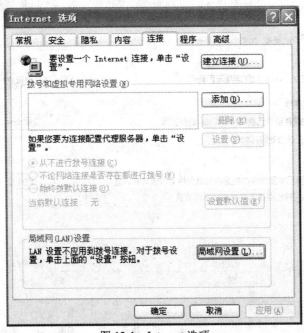

图 12-1 Internet 选项

在对话框中单击"局域网设置"按钮，设置如图 12-2 所示。

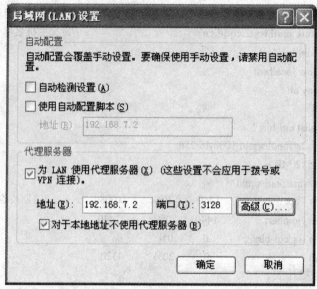

图 12-2 "局域网设置"对话框

firefox 浏览器的代理服务器的设置步骤如下：

打开 firefox 浏览器，选择"工具"菜单中的"选项"菜单，出现"选项"对话框，在对话框中选择"高级"标签，如图 12-3 所示。

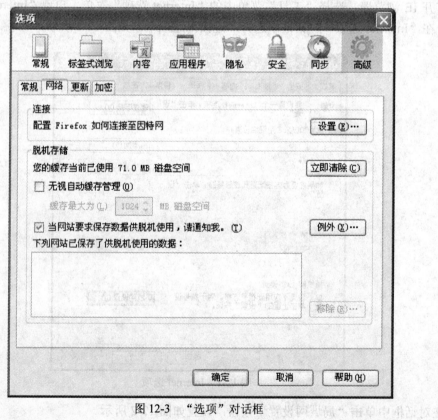

图 12-3 "选项"对话框

在窗口中单击"设置"按钮，设置如图 12-4 所示。

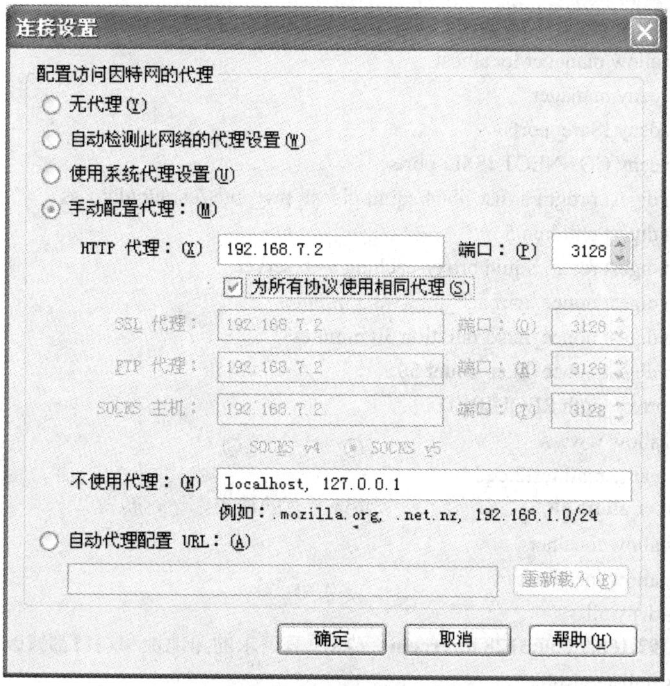

图 12-4 "连接设置"对话框

2. 透明代理服务器配置

要求：配置透明代理服务器，代理服务器的内网网卡为 192.168.7.2，只有 IP 地址为 192.168.7.0/24 的用户可以上网，具有通过 MD5 方式进行认证的功能，用户必须通过认证才能上网。因为是透明代理，所以客户端不需要进行任何配置。

透明代理服务器的配置与传统代理服务器的配置的差别比较小，用户认证文件和 IP 的转发功能如传统的代理服务器设置一样；另外需要设置端口重定向，命令为"iptables -t nat -A POSTROUTING -s 192.168.0.0/16 -p tcp --dport 80 -j REDIRECT --to-ports 3128"，squid 配置修改的内容在下面的配置文档中用黑体标出，配置内容如下：

```
[root@localhost 00]# more /etc/squid/squid.conf
acl manager proto cache_object
acl localhost src 127.0.0.1/32 ::1
acl to_localhost dst 127.0.0.0/8 0.0.0.0/32 ::1
acl localnet src 192.168.7.0/24
acl SSL_ports port 443
acl Safe_ports port 80          # http
acl Safe_ports port 21          # ftp
acl Safe_ports port 443         # https
acl Safe_ports port 70          # gopher
acl Safe_ports port 210         # wais
acl Safe_ports port 1025-65535  # unregistered ports
acl Safe_ports port 280         # http-mgmt
acl Safe_ports port 488         # gss-http
```

```
acl Safe_ports port 591              # filemaker
acl Safe_ports port 777              # multiling http
acl CONNECT method CONNECT
http_access allow manager localhost
http_access deny manager
http_access deny !Safe_ports
http_access deny CONNECT !SSL_ports
auth_param digest program /usr/lib64/squid/digest_pw_auth /usr/etc/digpass
auth_param digest children 5
auth_param digest realm Squid proxy-caching web server
auth_param digest nonce_garbage_interval 5 minutes
auth_param digest nonce_max_duration 30 minutes
auth_param digest nonce_max_count 50
acl wwww proxy_auth REQUIRED
http_access allow wwww
visible_hostname mail.test2.cqdd.cn
always_direct allow all            //允许所有的请求都进行转发
http_access allow localnet
http_access allow localhost
http_access deny all
http_port 192.168.7.250:3128 intercept   //将所有请求的源地址和端口都修改为 192.168.7.250:3128
hierarchy_stoplist cgi-bin ?
cache_mem    512 MB
cache_dir ufs /var/spool/squid 1000 8 64
coredump_dir /var/spool/squid
refresh_pattern ^ftp:              1440      20%      10080      #过期校验
refresh_pattern ^gopher:           1440      0%       1440
refresh_pattern -i (/cgi-bin/|\?)  0         0%       0
refresh_pattern .                  0         20%      4320
cache_effective_user squid         //在执行完需要特别权限的任务后，变成的用户为 squid
```

3. 反向代理服务器

要求：利用 squid 反向代理负载均衡两台后台 Web 服务器。代理服务器的外网网卡的 IP 地址为 61.186.170.100/29，服务端口为 80，内网网卡的 IP 地址为 192.168.6.250/24，提供 Web 服务的真实服务器的 IP 地址为 192.168.6.247/24、192.168.6.248/24、192.168.6.249/24，Internet 用户访问 http://www.test.cq.cn:80 时，使用加权轮训的方式访问真实服务器，由于 IP 地址为 192.168.6.249 的主机的性能要差些，因此，192.168.6.249 的主机的权重要设置小一些。安全设置，Internet 用户只能访问域名为 www.test.cq.cn 的主机。

反向代理服务器的配置如下：

```
[root@localhost wujix]# more squid.conf
acl manager proto cache_object
acl localhost src 127.0.0.1/32 ::1
acl to_localhost dst 127.0.0.0/8 0.0.0.0/32 ::1
acl SSL_ports port 443
acl Safe_ports port 80               # http
acl Safe_ports port 21               # ftp
```

```
acl Safe_ports port 443              # https
acl Safe_ports port 70               # gopher
acl Safe_ports port 210              # wais
acl Safe_ports port 1025-65535       # unregistered ports
acl Safe_ports port 280              # http-mgmt
acl Safe_ports port 488              # gss-http
acl Safe_ports port 591              # filemaker
acl CONNECT method CONNECT
http_access allow manager localhost
http_access deny manager
http_access deny !Safe_ports
http_access deny CONNECT !SSL_ports
http_port 61.186.170.100:80 accel vhost        //代理服务器的外网网卡的 IP 地址
cache_peer 192.168.6.247 parent 80 0 weighted-round-robin weight=5
cache_peer 192.168.6.248 parent 80 0 weighted-round-robin weight=5
cache_peer 192.168.6.249 parent 80 0 weighted-round-robin weight=2
#上面 3 行是设置 3 台真实服务器的 IP 地址，类型为 parent，HTTP 协议端口为 80，ICP 端口为 0，
#表示不支持 ICP 协议，使用加权轮询的方式，前两台服务器的权重都为 5，第 3 台为 2
acl sites dstdomain www.test.cq.cn             //匹配客户端请求 URL 里的主机名
http_access allow sites                        //允许用户访问域名为 www.test.cq.cn 主机
cache_dir ufs /var/spool/squid 100 16 256
cache_mgr test@test.cq.cn
cache_mem 64 MB
maximum_object_size_in_memory 512 KB
access_log /var/log/squid/access.log squid
http_access deny all
coredump_dir /var/spool/squid
refresh_pattern ^ftp:           1440      20%       10080
refresh_pattern ^gopher:        1440       0%        1440
refresh_pattern -i (/cgi-bin/|\?)  0       0%           0
refresh_pattern .                  0      20%        4320
```

注：3 台真实的服务器需要将网关设置为反向代理服务器的内网网卡的 IP 地址。

附录 1　CentOS Linux 6.4 系统的 root 账户密码恢复

一、密码恢复之一

此种密码恢复是向系统的内核中传递参数，让系统进入单用户模式，因为单用户模式下，进入系统不需要密码，而且是超级管理员账户。

（1）选择启动的操作系统（如果有多个操作系统，可以用↑或↓键选择，然后按回车键确定），如图 13-1 所示。

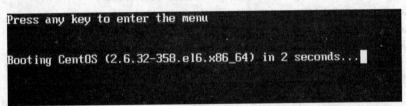

图 13-1　选择启动的操作系统

（2）选择启动的内核（如果有多个内核，可以用↑或↓键选择），然后按 e 键编辑引导程序，如图 13-2 所示。

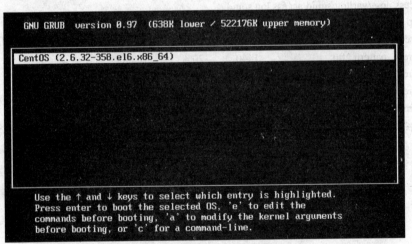

图 13-2　选择启动的系统内核

（3）选择以 kernel 开头的行（可以用↑或↓键选择，然后按 e 键编辑引导程序参数），如图 13-3 所示。

（4）在编辑的行最后按一下空格键，再在空格之后输入 single 或者 1 参数，然后按回车键确认，如图 13-4 所示。

（5）返回图 13-3，按 b 键，启动操作系统。

（6）此时系统进入单用户模式，直接进入超级管理员用户模式，如图 13-5 所示。

```
 GNU GRUB  version 0.97  (638K lower / 522176K upper memory)

 root (hd0,0)
 kernel /vmlinuz-2.6.32-358.el6.x86_64 ro root=/dev/mapper/VolGroup-lv→
 initrd /initramfs-2.6.32-358.el6.x86_64.img

    Use the ↑ and ↓ keys to select which entry is highlighted.
    Press 'b' to boot, 'e' to edit the selected command in the
    boot sequence, 'c' for a command-line, 'o' to open a new line
    after ('O' for before) the selected line, 'd' to remove the
    selected line, or escape to go back to the main menu.
```

图 13-3　选择编辑的行

```
[ Minimal BASH-like line editing is supported.  For the first word, TAB
  lists possible command completions.  Anywhere else TAB lists the possible
  completions of a device/filename.  ESC at any time cancels.  ENTER
  at any time accepts your changes.]

<DTYPE=pc KEYTABLE=us rd_NO_DM rhgb quiet single
```

图 13-4　编辑系统的启动参数

```
Remounting root filesystem in read-write mode:             [  OK  ]
Mounting local filesystems:                                [  OK  ]
Enabling /etc/fstab swaps:                                 [  OK  ]
                Welcome to CentOS
Starting udev:                                             [  OK  ]
Setting hostname localhost.localdomain:                    [  OK  ]
Setting up Logical Volume Management:   2 logical volume(s) in volume gr
Group" now active
                                                           [  OK  ]
Checking filesystems
/dev/mapper/VolGroup-lv_root: clean, 71653/429088 files, 497949/1714176
/dev/sda1: recovering journal
/dev/sda1: clean, 38/128016 files, 48561/512000 blocks
                                                           [  OK  ]
Remounting root filesystem in read-write mode:             [  OK  ]
Mounting local filesystems:                                [  OK  ]
Enabling /etc/fstab swaps:                                 [  OK  ]
[root@localhost /]# passwd root
Changing password for user root.
New password:
BAD PASSWORD: it is too simplistic/systematic
BAD PASSWORD: is too simple
Retype new password:
passwd: all authentication tokens updated successfully.
[root@localhost /]# _
```

图 13-5　系统进入单用户模式

（7）在单用户模式下，在命令行输入 passwd root 命令，根据提示输入新密码和确认新密码，这样 root 账户的密码就被修改为新的密码。

二、密码恢复之二

第一种恢复系统超级管理员账户的密码是不需要系统光盘,只要能够接触到硬件服务器就可以,但是此种方法有缺陷,如果系统的引导程序设置了密码并且不知道此密码,则此种方法就无法修改 root 账户的密码。下面介绍第二种方法,这种方法必须有一张启动光盘,而且能够设置系统从光盘启动。

(1)修改 BIOS 启动盘,从光盘启动(CD-ROM),按→或←键选择菜单 Boot,按↑或↓键选择 CD-ROM Drive 选项,按加号或减号键修改启动顺序,如图 13-6 所示。

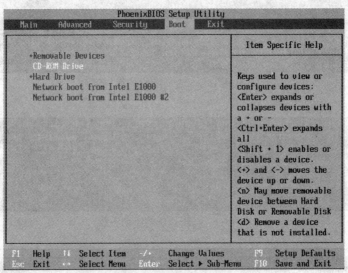

图 13-6 设置 BIOS 从光盘启动

(2)保存 BIOS 信息并且退出 BIOS 程序,按→或←键选择菜单 Exit,按↑或↓键选择 Exit Saving Changes 选项,如图 13-7 所示。

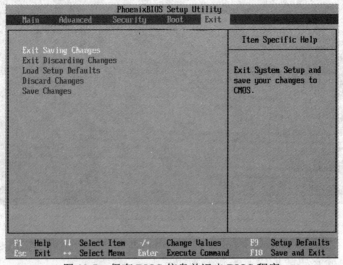

图 13-7 保存 BIOS 信息并退出 BIOS 程序

（3）按回车键，如图 13-8 所示提示是否保存设置。

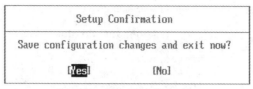

图 13-8　提示是否保存设置

（4）按 Tab 键将光标定位到 Yes 按钮上，按回车键，进入下面的界面，按↑或↓键选择从光盘以紧急救护模式启动操作系统，如图 13-9 所示。

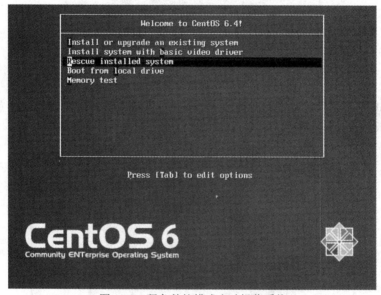

图 13-9　紧急救护模式启动操作系统

（5）按回车键进入选择安装语言，如图 13-10 所示。

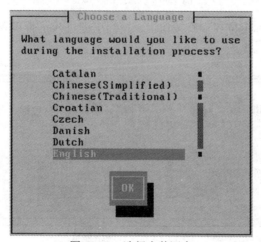

图 13-10　选择安装语言

（6）按 Tab 键将光标定位在 OK 按钮上，按回车键进入选择键盘类型，如图 13-11 所示。

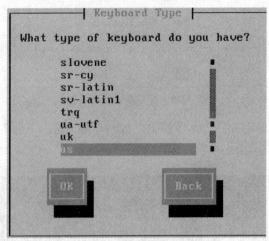

图 13-11　选择键盘类型

（7）按 Tab 键将光标定位在 OK 按钮上，按回车键进入选择启动镜像的位置（CD/DVD），如图 13-12 所示。

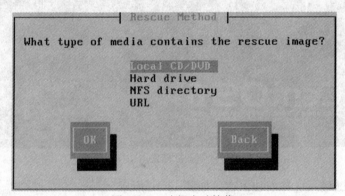

图 13-12　选择启动镜像

（8）按 Tab 键将光标定位在 OK 按钮上，按回车键进入是否设置网络，不设置网络参数，如图 13-13 所示。

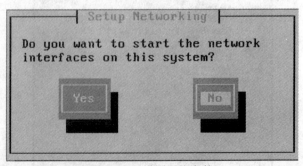

图 13-13　设置网络参数

（9）按 Tab 键将光标定位在 NO 按钮上，按回车键进入是否继续紧急救护模式启动，如图 13-14 所示。

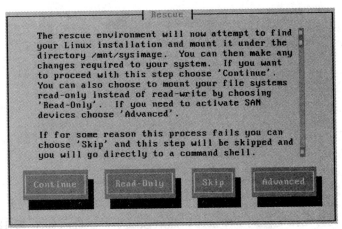

图 13-14　提示是否继续紧急模式启动

（10）按 Tab 键将光标定位到 continue 按钮，然后按回车键进入提示恢复密码的**系统挂载到当前启动的系统的命令和 chroot 命令设置运行挂载的系统的根目录**，如图 13-15 所示。

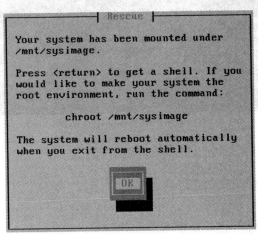

图 13-15　提示挂载系统和切换根目录

（11）按 Tab 键将光标定位到 OK 按钮，然后按回车键进入提示系统挂载到当前启动的系统的位置，如图 13-16 所示。

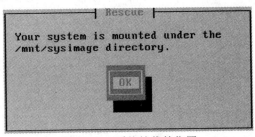

图 13-16　系统挂载的位置

（12）按 Tab 键将光标定位到 OK 按钮，然后按回车键进入启动 shell 程序，如图 13-17 所示。

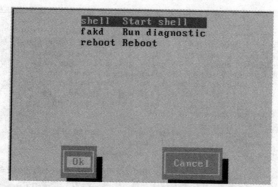

图 13-17 启动 shell

（13）按 Tab 键将光标定位到 OK 按钮，然后按回车键，进入如图 13-18 所示的界面，在提示行输入命令 chroot /mnt/sysimage。然后在命令行输入 passwd root 命令，根据提示输入新密码，这样 root 账户的密码就被修改为新的密码。

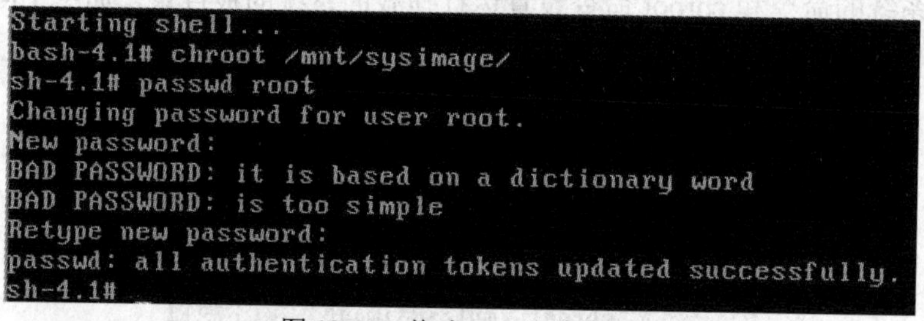

图 13-18 修改 root 账户密码

附录 2　全自动网络安装 CentOS 6.4

一、什么是 PXE

PXE（Preboot Execute Environment）是由 Intel 公司开发的最新技术，工作于 Client/Server 的网络模式，支持工作站通过网络从远端服务器下载映像，并由此支持来自网络的操作系统的启动过程，其启动过程中，终端要求服务器分配 IP 地址，再用 TFTP（Trivial File Transfer Protocol）或 MTFTP（Multicast Trivial File Transfer Protocol）协议下载一个启动软件包到本机内存中并执行，由这个启动软件包完成终端基本软件设置，从而引导预先安装在服务器中的终端操作系统。PXE 可以引导多种操作系统，如：Windows 95/98/2000/XP/2003/Vista/2008、Linux 等。

二、工作原理简介和安装步骤

无光软驱服务器通过 PXE 网卡启动，从 DHCP 服务器获取 IP，通过 TFTP 下载 pxelinux.0 文件找到 pxelinux.cfg 里的配置文件，按照配置文件找到 vmlinuz 引导 centos 进入安装界面，之后选择 FTP 方式安装系统。

第 1 步：设置防火墙与 selinux。

在/etc/sysconfig/iptables 文件中"-A INPUT -m state --state NEW -m tcp -p tcp --dport 22 -j ACCEPT"之前增加下面的一行内容，然后用"service iptables restart"命令重新启动防火墙。

```
-A INPUT    -p udp --dport 69 -j ACCEPT
#[root@Install ~]# chkconfig iptables off; service iptables stop
[root@Install ~]# setenforce 1
```

第 2 步：搭建 TFTP 与 DHCP 服务器。

DHCP 服务器需要安装的软件：dhcp-3.0.5-21.el5.i386.rpm

TFTP 服务器需要安装的软件：tftp-server-0.49-2.el5.centos.i386.rpm

```
[root@Install ~]#yum install tftp*
[root@Install ~]#yum install dhcp*
```

配置 TFTP 服务器：

```
[root@Install ~]# vi /etc/xinetd.d/tftp
```

修改内容如下：

```
server_args     = -s /var/lib/tftpboot    //指定 tftp 服务的根目录
disable         = no
```

配置 DHCP 服务器：

```
[root@Install ~]# cp /usr/share/doc/dhcp-3.0.5/dhcpd.conf.sample /etc/dhcpd.conf
[root@Install ~]# vi /etc/dhcp/dhcpd.conf
ddns-update-style interim;
ignore client-updates;
authourtative;
```

```
            log-facility local7;
            subnet 192.168.1.0 netmask 255.255.255.0 {
                  range 192.168.1.55 192.168.1.66;
                  option routers 192.168.1.1;
                  option subnet-mask 255.255.255.0;
                  option domain-name-servers 192.168.1.1;
                  option domain-name "33cn.com";
                  option netbios-name-servers 192.168.1.1;
                  option time-offset -18000;
                  option broadcast-address 192.168.1.255;
                  default-lease-time 6000;
                  max-lease-time 11400;
                  next-server 192.168.1.1;
                  filename "pxelinux.0";
            }
```

特别注意的是添加的 filename 这一项，这一项的意思相当于指示启动文件的位置的一个标签，这里是指 TFTP 主目录下 pxelinux.0。另外需要指定 next-server 参数，告诉客户端在获取到 pxelinux.0 文件之后去哪里获取其余的启动文件，这里把安装包文件放在了和启动文件相同的机器上。

第 3 步：创建安装包的目录。

用于存放系统安装文件，并把光盘中的系统安装文件拷贝到该目录下。

```
            [root@Install ~]# mount /dev/cdrom/media
            [root@Install ~]# mkdir/var/ftp/pub
            [root@Install ~]# cp -rf/media/*/var/ftp/pub
```

第 4 步：安装 FTP 服务器并配置。

查看是否已经安装了 FTP 服务器需要的安装包。

```
            [root@Install ~]# yum list |grep vsftp
```

如果没有安装 FTP 相关的那些包，就用下面的命令安装它们。

```
            [root@Install ~]# yum install vsftp*
```

vsftp 的配置文件在/etc/vsftpd/目录下，文件内容如下：

```
            anonymous_enable=YES
            local_enable=YES
            write_enable=YES
            local_umask=022
            anon_upload_enable=YES
            anon_mkdir_write_enable=YES
            dirmessage_enable=YES
            xferlog_enable=YES
            connect_from_port_20=YES
            chown_uploads=YES
            xferlog_std_format=YES
            listen=YES
            pam_service_name=vsftpd
            userlist_enable=YES
            tcp_wrappers=YES
```

附录2　全自动网络安装 CentOS 6.4

第5步：生成应答文件。

如果你的"Linux 网络安装服务器"没有安装桌面环境，那么可以通过启动一台客户机从网络安装 Linux 来生成一个安装配置文件 ks.cfg，这种方式需要增加几条语句，才能实现自动化的安装。

第6步：编辑应答文件。

将客户机上新生成的安装配置脚本文件（/root/anaconda-ks.cfg），重命名为 ks.cfg，然后将其上传到"FTP 服务器"上的/var/ftp/目录下。

```
[root@Install ~]# cp   ks.cfg   /var/ftp
[root@Install ~]# vi /var/ftp/ks.cfg
# Kickstart file automatically generated by anaconda.
Install
url –url="ftp://192.168.1.1/pub"
lang zh_CN
keyboard us
network --device eth0 --bootproto dhcp
rootpw --iscrypted $1$Fjy9Zn3F$TVdnSzmnBmh66outBemYi1
firewall –disabled
firstboot –disable
authconfig --enableshadow --enablemd5
selinux –disabled
timezone --utc Asia/Shanghai
bootloader--location=mbr--driveorder=sda --md5pass=$1$t.hy0XQB$2o4sTrilDhARD8cNKJKf1.
Zerombr
clearpart --all --initlabel
text
part /boot --bytes-per-inode=4096 --fstype="ext3" --size=150
part swap --bytes-per-inode=4096 --fstype="swap" --size=512
part / --bytes-per-inode=4096 --fstype="ext3" --grow --size=1000
%packages
@base
@chinese-support
@core
@development-libs
@development-tools
@dialup
@editors
@printing
@text-internet
Keyutils
Trousers
Fipscheck
device-mapper-multipath
imake
```

注意，比较重要的是下面这两行：

```
network --device eth0 --bootproto dhcp        #使用 DHCP 来实现自动分配 IP 地址
clearpart --all --initlabel                   #如果 ks.cfg 脚本中不添加该语句，将不能实现自动化安装
```

第 7 步：配置支持 PXE。

（1）复制必要的文件。

确保/var/lib/tftpboot 目录存在，如果不存在，手工创建它。

  [root@Install ~]# cp /usr/share/syslinux/pxelinux.0 /var/lib/tftpboot

注：如果找不到 syslinux 目录与 pxelinux.0 文件，那么就必须安装软件包 syslinux-3.11-4.i386.rpm。

  [root@Install ~]# mkdir /var/lib/tftpboot/pxelinux.cfg
  [root@Install ~]# cp /media/isolinux/isolinux.cfg/var/lib/tftpboot/pxelinux.cfg/default
  [root@Install ~]# cp /media/cdrom/isolinux/* /var/lib/tftpboot

注：主要的是 initrd.img 与 vmlinuz 两个文件。

（2）修改 PXE 的引导配置文件：/var/lib/tftpboot/pxelinux.cfg/default。

  [root@Install ~]# chmod 644/var/lib/tftpboot/pxelinux.cfg/default
  [root@Install ~]# vi /var/lib/tftpboot/pxelinux.cfg/default

```
default vesamenu.c32
#prompt 1
timeout 600

display boot.msg

menu background splash.jpg
menu title Welcome to Red Hat Enterprise Linux 6.0!
menu color border 0 #ffffffff #00000000
menu color sel 7 #ffffffff #ff000000
menu color title 0 #ffffffff #00000000
menu color tabmsg 0 #ffffffff #00000000
menu color unsel 0 #ffffffff #00000000
menu color hotsel 0 #ff000000 #ffffffff
menu color hotkey 7 #ffffffff #ff000000
menu color scrollbar 0 #ffffffff #00000000

label linux
    menu label ^Install or upgrade an existing system
    menu default
    kernel vmlinuz
    append initrd=initrd.img
label vesa
    menu label Install system with ^basic video driver
    kernel vmlinuz
    append ks=ftp://192.168.1.1/ks.cfg initrd=initrd.img xdriver=vesa nomodeset
label rescue
    menu label ^Rescue installed system
    kernel vmlinuz
    append initrd=initrd.img rescue
label local
    menu label Boot from ^local drive
```

```
        localboot 0xffff
    label memtest86
        menu label ^Memory test
        kernel memtest
        append -
```

（3）再重启一下这些服务，确保它们正常工作。

```
[root@Install ~]# service vsftpd restart
[root@Install ~]# service dhcpd restart
[root@Install ~]# service xinetd restart
```

三、测试全自动安装

（1）修改客户端 BIOS，使其首先从网络启动。

（2）客户机自动搜索 DHCP 服务，获取 IP，读取 default 这个文件，进行自动化安装。

注：如果不希望所有的系统都使用默认的 pxelinux.cfg/default 文件，可以以客户端机器的网卡地址命名配置文件。